实验室管理与安全风险控制

刘 沛 著

中国原子能出版社
China Atomic Energy Press

图书在版编目（CIP）数据

实验室管理与安全风险控制 / 刘沛著 . -- 北京：
中国原子能出版社 , 2021.10（2023.1重印）
 ISBN 978-7-5221-1649-5

 Ⅰ.①实… Ⅱ.①刘… Ⅲ.①实验室管理－安全管理
Ⅳ.① G311

 中国版本图书馆 CIP 数据核字 (2021) 第 211293 号

实验室管理与安全风险控制

出版发行	中国原子能出版社（北京市海淀区阜成路 43 号　100048）
责任编辑	白皎玮
责任印制	赵　明
印　　刷	河北宝昌佳彩印刷有限公司
印　　销	全国新华书店
开　　本	787mm×1092mm　1/16
字　　数	220 千字
印　　张	11
版　　次	2021 年 10 月第 1 版　2023 年 1 月第 2 次印刷
书　　号	ISBN 978-7-5221-1649-5
定　　价	65.00 元

网　　址：http://www.aep.com.cn	E-mail：atomep123@126.com
发行电话：010-68452845	版权所有　侵权必究

前 言

实验室在高校教育中承担的教学和科研任务日益增多，但安全事故也偶有发生，对高校的正常教学以及人员的人身安全和财产安全造成极大的干扰。而化学专业由于其独特特性，所使用的化学药品和材料危险性极高，且涉及到高温、高压、真空、辐射等危险因素，因此，增强实验室管理和安全风险控制，是高校教育体系和化学专业不可忽视的一项问题。

全书共分为七个章节，第一章节为绪论，是从整体上概述了管理学基础知识与实验室管理的相关建议。第二章为实验室试剂管理，分别讲到了危险化学试剂、标准物质、样品的不同管理流程。第三章为实验室设备管理，介绍了设备的采购和管理，以及计算机自动化设备和软件的管理、维护。第四章为实验室安全风险管理，提出实验室安全风险管理的基础内容、现状、风险评估、应急预案等。第五章为实验室的基本安全操作，根据实验室常用的水、电、气、火、试剂五个方面，详细阐述了各环节的安全操作规范，并提供切实有效的安全防范措施。第六章为危险化学品安全防护基础知识，讲述了爆炸品、自反应物和混合物、自燃与自热、氧化性物质和有机过氧化物等基础防护知识。第七章为实验室危险废弃物的规范处理，将一些常常被忽略的实验室废弃物纳入安全处理范畴，避免发生事故，降低安全风险。

限于编者的学识水平，书中难免存在不足甚至错误之处，恳请广大读者批评指正。

目 录

第一章 绪论

综观国内外，尤其是经济发展较快速的国家，均非常重视实验室的建设与管理。实验室是根据不同的实验性质、任务和要求，设置相应的实验装置以及其他专用设施，由进入实验室的人员相互协作，有计划、有控制地进行教学、科研、生产、技术开发等实验的场所，它承担着建设社会物质文明和精神文明的重任，是推动人类生产生活质量提升的重要动力。而高校实验室，更是教师和学生的实践园地，其建设和管理水平对高校教学的开展成效、育人功能的发挥等，有着重要影响。从当前我国高等教育的发展趋势看，实验室是新一轮高等教育质量工程的重点和热点。

20 世纪中叶，全球掀起了实验室管理之风，它是从现代管理学中派生出来的一门新兴学科，是时代发展的产物。实验室管理是指在实验室系统的范围内、管理者运用管理的原则、手段和方法，作用于实验室这一管理对象，使实验室达到预定工作目标或效果的活动。实验室管理是专门研究实验室的管理活动及其基本规律、一般方法的科学。

根据新闻媒体报道的一系列实验室安全事故来看，绝大部分是由人为引起的，如管理不善，缺乏安全管理措施、人员安全意识淡薄、实验操作不规范、物品使用或存放不当等。实验室事故的破坏性极强，会严重损坏周边财物、污染周边环境，甚至威胁到生命安全。因此，必须严格依照实验室的相关规则行事，时刻谨记"安全第一"的观念，营造安全的实验室工作环境，为自身和他人的生命财产负责，这也正是实验室安全管理的主题。

第一节　管理学基础

人类社会文明的进步，催生了管理。借助丰富的管理手段，不同组织才能够将资源有效整合，完成个人难以完成的各项任务，实现不同于个人目标的组织总体目标。

人类社会通过管理来保障组织活动的秩序性和效率性,有效地达到预定的目标。

一、管理的基本概念

管理是指管理者在特定环境下,对组织所拥有的资源(人力、物力、财力、信息)进行计划、组织、领导和控制,创造性地以有效率和有效能的方式来实现组织目标的活动过程(见图1-1)。

图 1-1 管理的过程

二、管理的职能

管理的职能主要由两部分构成,一是管理职责,二是管理功能。对于任何一个管理者而言,只有首先明确自身的工作任务和职责要求之后,才能运用适当的管理方法和手段以及组织所赋予的权力,有针对性地开展管理活动,并承担相应的责任。

在组织内部,无论管理者处于何种层级,均需承担四项基本职能: 计划(planning),组织(organizing),领导(leading)和控制(controlling),如图1-2所示。

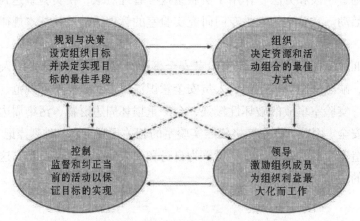

图 1-2 管理的职能

(一)计划

计划是指根据组织的内外部环境,并结合自身的实际情况,制定合理的总体战略和发展目标的过程。在后续的工作开展过程中,凭借工作计划中的相关内容将组织战略和目标逐层展开,形成分工明确、协调有序的战略实施和资源分配方案。计划是对组织未来蓝图的描述，明确了组织的发展前进方向，为管理者的日常决策提供了必要的依据，为组织成员的工作绩效提供了考评标准。由此可见，计划是组织有条不紊运行的指明灯，组织必须充分重视计划的制定和执行。

（二）组织

组织主要是指在战略和目标的指导下，明确组织当前的工作任务并对任务进行分类与整合，再设置与之相适应的机构和职位，确保工作任务的顺利完成。同时，通过明确组织中的指挥链并进行相应的职责和权限划分，构建起完整的组织管理体系。简言之，组织工作是一个"搭台子、组班子、定规矩"地连续动态过程。组织是计划能否实现的重要保证，为了计划能够顺利推动、实现组织目标，所有组织都需构建一个完善、科学的组织系统。

（三）领导

领导是指在组织确立后，各管理者通过组织所赋予的权力和自身的影响力，指导、带领、影响组织内其他成员为实现组织目标所做出的努力和贡献的过程与艺术。管理者想要充分发挥领导的效力，就必须具备一定的技能技巧，如善于沟通，能够与员工推心置腹的交流，了解他们的工作动态，给予适时的激励和帮助，充分发挥他们的；又如，应当具备良好的品行，能够用自身的人格魅力，获得组织成员的信赖和支持；再如，能够发展组织特色文化，加强组织内部的凝聚力，营造一个温馨和谐的工作环境。

（四）控制

管理者的控制职能是指为确保组织目标的顺利实现，遵照一定的科学程序，对组织中的工作实施情况进行动态的监督与评估，并在发现"偏差"时及时妥善纠偏的过程。控制活动可以使工作失误得以及时发现和迅速补救，有助于组织从整体上维护自身的根本利益。管理控制的手段虽然多种多样，但其目的都在于使组织适应环境的变化，限制偏差的累积，以保证计划目标的实现，或根据客观环境的变化，及时做出调整。

第二节　实验室的地位与作用

实验室即进行试验的场所。它是科学的摇篮，是科学研究的基地，科技发展的源泉，对科技的发展有着不可估量的影响。于高校而言，更是实验教学和科学研究工作的必备条件，为师生提供了演练学习的场所，是他们理论实践、科研创新思维迸发的重要基地，对教师的进一步发展和学生的成长成才有着重要作用。

一、实验室在高校中的地位

实验室作为高等教学的重要组成部分，已成为高等学校教学与科研活动的中心和基地。实验室是新形势下培养高素质人才、出高水平成果、为经济建设服务的主要场所，是反映高校教学水平、科研水平、管理水平和科学技术发展的重要标志。从某一个角度而言，一个院校的实验室建设与教学水平即是该校教学、科研和管理水平的具体体现，也正是由此确立了实验室在高校人才培养模式、科研创新精神等方面不可替代的地位。据相关数据统计，我国众多科研成果几乎都是孵化于实验室，"十一五"期间，高等学院的研究和开发人员总数一直保持在稳定的范围内（略有上升），承担了高达 60% 的国家自然科学基金项目和大量"高技术研究发展计划"等项目，依托高校建立的国家重点实验室约占全国总数的 65%。

二、实验室在人才培养中的作用

21 世纪的两大显著特征，一是全球化趋势愈演愈烈；二是知识经济时代势不可挡。随着科学技术的发展进步，各个民族已经意识到复合型人才的重要性，他们是国家提升核心竞争力的关键所在，而高校作为人才培育的摇篮，自然得承担起这一责任来。而高校实验室正是培养复合型人才的绝佳基地，能够培养学生严谨求实的科学态度，激发他们探索创新的欲望，提高他们的综合能力。

学生在实验室的实验过程，是求知的过程，也是理论与实践的过程，更是不断超越自我的过程。通过各项实验，学生可以接触到一些未知的领域，可以锻炼检验自身的理论知识，还可以熟悉自然规律，从中获得新知。此外，在实验中还涉及到流程操作、现象观察、数据测量、问题分析、故障排除、数据归纳、结果汇报等环节，这些环节的成功实施，均能够对学生的综合能力产生不同程度的影响，促进其操作能力、分析总结能力、创新思维能力、组织能力等的稳步提升。学生在整个实验室教学活动中，知识、能力和素质可以全面协调发展。因此，根据人才培养目标建立的实验室，可有效培养不同层次的社会需要的各类人才。

三、实验室在经济发展中的作用

1988 年，邓小平同志提出"科学技术是第一生产力"这一论断，多年来我国一直在努力践行着，也正是因为我国对科学技术的重视，使得社会经济取得了突破性进展，让广大人民群众过上了和谐美好的幸福生活。我国的发展事实表明，人才和装备是推动现代科学发展和知识创新不可或缺的条件，且二者缺一不可。而实验室对于高素质人才的培育和装备的开发、创新等均有着独特价值，是名副其实的经济发展的推动者。实验室是学生实践能力和科学思维的训练营，实验室通过这一效能的充分发挥可为国家和社会培育大批优质人才，为经济建设提供源源不断的人才供应。同时，实验室通过与科研、生产紧密结合，为新知识、新技术、新方法、新成果、新产品等，提供最好的环境和条件，催生出了大量震撼人心的科研成果，从而推动科技发展、社会进步和经济的繁荣。实验室通过为企业技术人员培训，提升职工业务素质和水平，促进企业新技术、新产品的吸收、引进和转化，从而推动经济快速发展。

第三节　实验室管理与安全

实验室管理是指导人们管理实验室运行过程中各项活动的一门科学，其研究对象涉及实验室相关的人、事、物、信息和经费等全部活动。实验室管理的目的是确保实验室的运行安全和工作质量。

一、实验室管理

（一）实验室管理的定义

实验室管理是实验室的领导者及有关职能部门管理者，按照客观规律的要求，对实验室的各类活动进行计划、组织、指挥、控制和协调，以适应外部环境变化，充分利用各种资源，实现实验室的目标（任务），体现社会效益和经济效益。

（二）实验室管理的内容

实验室管理的内容主要可概括为如下两方面。

1. 全面综合管理

实验室的全面综合管理主要包括计划管理、全面质量管理、实验队伍管理和技术经济核算，具体内容见表1-1。

表1-1　全面综合管理的具体事项

管理内容	管理对象	目的
计划管理	人、财、物	协调实验室中的各项资源，保证实验活动的正常开展，为实验室战略目标的实现保驾护航
全面质量管理	实验室的各项任务和活动	为教学、科研、生产技术开发，提供优质服务
实验队伍管理	人才	激励人才上进，提高实验室工作队伍素质
技术经济核算	人才培养和研发的成果及价值	节能降耗，最大限度地提高投资收益

2. 专业或任务管理

专业或任务管理包括实验教学管理、科研实验管理、物资管理、设备管理、安全技术管理、实验用房及维修改造管理等。

（三）实验室管理的方法

实验室常用的管理方法包括 5 种，分别是行政手段、经济手段、法律手段、制度管理和思想工作手段，具体内容见表 1-2。

表 1-2 实验室常用管理方法及其内容

序号	管理方法	生效途径	特点
1	行政手段	依靠行政组织的权威，运用命令、指示等，对组织内部人员、各项活动进行管理	实效性、强制性、可控性
2	经济手段	通过利益关系的调节，刺激组织成员的行为动力	鼓励性、积极性、创造性
3	法律手段	运用法律规范和具有法律规范性质的各种行为规则，管理约束组织成员和各项活动	强制性、概括性、可预测性
4	制度管理	构建系统化的实验室规章制度和实验操作规程，规范管理实验室的各种活动和人员	系统性、长期性、规范性
5	思想工作手段	关注组织内部成员的想法和意见，以感性化的方式感化、激励人	科学性、艺术性、灵活性

表 1-2 中所述的管理方法，是在实验室具体管理过程中最常用的几大方法，每种方法各有特点，可从不同方面、不同程度地提升实验室的管理水平和质量，一般实验室可综合运用以上方法进行管理，以确保管理的效果。

（四）实验室管理的意义

大量实践证明，只有科学合理的管理才能充分发挥实验室对人类生活与生产的独特功效。传统老旧、生硬的管理理念和手段已无法适应当今实验室建设和发展需要，可以说，实验室管理的升级与优化迫在眉睫。

第一，实验室管理是建设和发展实验室的需要，21 世纪科学技术迅猛发展，各大高校纷纷成立了新的实验室，原有的实验室也得到了扩建和修缮，实验室数量和发展速度的加快，随之而来的是一系列新问题、新情况，此类困境的解决需要科学化的管理理念和手段。

第二，实验室管理的实践和理论研究是提高实验室管理水平的需要。实验室管理人员必须懂得科学管理的理论知识和技术方法，掌握实验室管理工作的规律，不断提高自身的综合素质和科学管理水平，为我国当前和未来实验室的发展与繁荣创造条件。

二、实验室安全管理

（一）实验室安全管理的定义和特点

安全，指没有危险和不发生事故。实验室安全是指实验室没有安全危险，无直接安全威胁，实验前后无安全事故发生。实验室安全管理是为实现实验室安全目标而进行的有决策、计划、组织和控制的活动。实验室安全管理主要是运用现代安全管理的原理、方法和手段，分析和研究实验室各种不安全因素，从组织上、思想上和技术上采取有力措施，解决和消除实验室中显性的和隐性的不稳定、不安全因素，用以预防或避免安全事故的发生。不同学科专业的实验室有着各自的安全管理内容和要求，但总体而言，实验室安全管理具有以下四大特点。

其一，多样性，不同学科专业的实验室可依据各自专业的需求和特点，灵活设置安全管理的内容和要求。

其二，复杂性，实验室在运行过程中涉及到人、仪器、设备、安全技术、环境等的管理，即使是细枝末节的微小事宜，如未及时盖上容器的瓶盖、未戴手套、使器物倾倒等都有可能造成严重且不可逆的伤亡事故。

其三，综合性，实验室安全管理是一项系统工程，需要协调组织内部与外部的管理体系，需要与之相关的所有人员齐心协力、互相协调、共同合作，唯有如此才能打造环环相扣、相互衔接的安全管理体制，确保实验室的安全管理。

其四，服务性，当前的管理是科学型的管理，是服务型的管理，也是主张以人为本的管理，优质人性化的管理服务已成为时代的潮流。强化服务意识、坚持服务宗旨、提供优质服务，才能切实保障实验室的安全。

（二）实验室安全事故的危害

高校实验室中各种潜伏的不安全因素变异大，危害种类繁多。一旦引发安全事故，将严重威胁实验室周边人员的生命安全、造成伤亡事故、财产损失、环境破坏、恶劣的社会影响等，妨碍教学科研工作的正常开展，干扰社会和谐稳定的秩序，甚至还可能触犯法律法规，需要承担赔偿和法律责任。这对学校、教师、学生、家长、社会等，均会产生不同程度的消极影响。

由上可知，无论是实验室的建设还是发展，都应当将安全放在首位，唯有安全才可能长久，唯有安全才有无限的可能。

（三）实验室安全管理措施

为保证实验室人员、设备、技术以及实验室周边的生命财产安全，必须采取妥善的安全管理措施将危险因素扼杀在摇篮之中，保障实验室的安全和各项实验活动的正常开展。实验室安全管理的主要措施如下。

（1）建设科学合理的实验室安全制度。

（2）定期开展实验室人员安全教育。

（3）保证实验室建设环境、活动环境的安全。

（4）密切关注实验室的物品。

（5）科学管理实验室的生物。

（6）及时、妥善地处理实验室废弃物。

（7）对实验室的信息进行严格管理。

（8）制定实验室意外事故应急处理预案。

实验室安全事故，不仅会侵害人的生命和健康，破坏周边财产与环境，还会影响实验室的后续发展，严重降低实验室的声誉、信誉以及价值，由此可见，实验室的安全管理绝对不可小觑，它也是实验室管理工作中的重要环节。

第四节　实验室建设与管理建议

实验室是培养学生实践能力和创新能力的重要场所，是推进素质教育、"科教兴国"战略及建设创新型国家的重要载体。此处主要以闽南理工学院为例，阐述其实验室建设的具体情况，并对其发展提出合理建议。

一、创建适应应用型本科人才培养的实验室建设体系

（一）实验室建设的内涵

高校实验室是实现学校教育教学功能的重要场所之一，对于学生动手实践能力、综合思维能力、协作能力、创新能力等，均有着不可替代的激发与促进作用。大力加强实验室建设，积极开展实验教学也是学校积极应对当代社会对于高素质人才需求的生动体现。

基于此，闽南理工学院将自身定位为应用型本科高校，以培养应用型人才为主要教学目标，并从以下三个方面出发促进人才应用性的提升：①注重对时代特色和社会需求的把握，强调对学生知识体系的构建和实操能力的培养；②关注学生综合素质的培养，让他们全面协调的发展，养成良好的社会适应性；③重视对学生品质的塑造，引导他们勤奋好学、吃苦耐劳、勇于创新，充分发挥个人的价值，成为新时代的建设者和接班人。实验室的建设与学校的定位是紧密相连的，实验室是学校极其重要的基础性条件，在对学校定位、人才培养模式、社会需求等进行综合考量后，学校开始着手实验室的建设，在其建设过程中，主要强调对下述三种功能的开发。

第一，人才培养功能，学校明确提出以应用技能的提升为导向的人才培养模式，重视对学生操作技能的培养。

第二，科学研究功能，重视对学生创新意识、创新思维、创新技能的激发和训练，着力打造出更多具有创新技能的人才。

第三，社会服务功能，学校紧跟时代发展的潮流，关注社会发展的变化趋势，了解市场对人才的需求，超前进行新技术力量的筹建。此外，实验室注重开放与效益，积极寻找与社会合作的途径和方式，并对有研究需要的企业和个人开放实验室。

（二）实验室建设的途径

1. 改革实验室管理体制

实验室的建设，是一个长期的系统工程，且牵涉面广，如科研单位、财务、后勤、二级学院、教师和学生等对其建设与管理均有着不同程度的影响。因此，必须思考如何构建一个更为高效系统的实验室管理体制。闽南理工学院相关部门经过多次会议商讨后，决定采取集成的办法来管理实验室，即设立一个中心管理部门，其他各单位各司其职，从旁协助。实验室的最高决策机构由实验教学工作指导分委员会（新成立的）担任，主要负责实验室建设和实验教学研究；教务处主要负责人才培养方案的实训计划和课时安排；二级学院主要负责具体教学情况的落实；实践教学中心既要提供实验技术指导也要管好实验室，负责保障各项设备的正常运行和实验平台的优化构建。

该校以实验室的性质为划分依据，将所有实验室归为三大类，分别是公共基础类、专业基础类和专业类。整合现有的公共计算机实验室和大学物理实验室，成立公共基础实验教学中心；整合现有的专业基础实验室和专业实验室，成立9个对应各二级学院的实验教学中心。为有效推动各二级学院实验教学中心的发展，建议各中心主任由各二级学院的负责人出任，而副主任和其他管理人员建议由全院师生共同推举，从中择优选取。实践教学中心主要负责实验室人事、行政、建设和设备管理工作，二级学院主要负责实验教学业务工作。

管理体制决定着管理的成效，校院两级实验室管理体制具有良好的功能。第一，将人力、物理等资源集中起来，采取优化结构、资源共享、专管共用的方式，避免了设备与实验室的闲置浪费，有效提升实验室的利用率以及实验环境的安全性、实用性和舒适性。第二，为学生跨专业、跨学科训练提供了综合实训平台。第三，健全统一的实验室管理制度以及严格的规章制度，有利于保障实验室各项工作的顺畅、安全运行。第四，健全的岗位责任制，明确了实验室各管理人员的职责，从而为完成教学大纲规定的实验项目和学生培养任务提供制度保障，促进了实验教学的革新。

2. 不断改善实验条件

校领导高度重视实验教学条件的改善与利用，积极招商引资，不断加大投入力度，使实验室设备更新、科研活动的开展均受得到有力保障，实验室的环境、条件也得到逐步提升。如现代教育技术条件的改善、虚拟仿真实验平台的搭建、图书资料和信息资源的优化建设、实践教学数据库的构建等。

3. 建立产学合作的校内实践教学场所

多年来，学校积极探索校企共建实践教学基地的模式，与一些优质企业保持着良好的合作关系，形成了较为稳固的校内实践教学基地。

以准企业的模式，模拟企业化生产环境，对学生进行生产和工程应用方面的实际训练。分别与通达集团、泉州嘉泰数控合作创建了智能制造实训基地，与厦门中软国际合作创建了 RFID 技术应用与创新基地，等等。

（三）实验室建设的体会

（1）"实验室建设，人人有责；实践教学，重在实践"：实验室相关工作的推进和成果取得，离不开校领导的宏观设计和兄弟部门的全力支持，是全校教职工与学生共同努力的结果。

（2）"人"是实验室建设与发展的关键，没有一批爱岗敬业、乐于奉献、不计得失投入实验室建设与实践教学的教职工，实验室的所有构想都是纸上谈兵；实验室若没有培育出与社会发展相适应的高素质人才，所有的资源投入都将付诸东流。

二、高校实验室管理制度建设

近年来，我国高校提出了"宽知识、厚基础、应用型"的人才培养模式，实验室教学作为高校教学工作的重要内容之一，更是承载着这一人才培养模式的历史使命。然而，目前有一些高校实验室并未发挥它应有的育人作用，对这类院校进行实地考察后，发现主要原因在于管理制度不合理。鉴于这一点，下面拟就我国高校实验室管理制度建设进行探讨，力求提出一些创新思路，推进实验室管理制度的科学发展。

（一）制度建设在高校实验室管理中的作用

高校实验室管理涉及体制及人、财、物等诸多活动，根据现代管理理念，需要将其有机地融合在一起，实现科学、规范的管理效能，而制度正是各项活动有序开展的基础和纽带，由此可见制度建设的重要性。

其一，制度建设是高校实验室管理的必要条件，唯有完整、严格的制度才能保障各类实验物资的充分整合，确保各项实验活动的正常开展。

其二，制度管理是提高高校实验室管理效益的重要手段，缺乏制度的保障实验室的运转和效益都将处于无序状态，其结果也难以预期。

其三，制度管理是高校实验室技术队伍成长的可靠保证，良好的制度有利于充分激发师生的实验热情，为科研创新保驾护航。

（二）高校实验室在管理制度上的问题分析

近年来，高校实验室在人才培育、知识传播、科研创新方面的积极作用愈加明显，收获了诸多可喜的成果，这也使得实验室的建设与管理工作获得教了育界的高度重视，成功纳入了现代素质教育的发展体系。与此同时，其管理制度上的不足也日渐凸显，为进一步深化其在教育上的独特价值，必须正视并不断改进完善。

问题一：高校实验室管理体制不尽合理。大部分高校实验室管理体制，均为校级、院级、系级三级模式，且专业壁垒明显，使校内实验室变得分散、独立，不利于实验室规模的扩大和资源的有效利用，如有的专业实验室闲置时，有的专业却亟须实验用地，而跨院系、跨专业申请使用的流程相当烦琐，让诸多实验者望而却步。

问题二：高校实验室人员队伍管理制度不健全。实验室技术人员与普通教师的地位不平等（技术人员在教学中的地位普遍低于教师），严重打击了实验技术人员的工作积极性。

问题三：高校实验室安全意识有待提升。有的高校设置了多个实验室，使实验室的管理变得复杂、困难来，一旦有疏忽极易引发安全事故。

问题四：高校实验室教学管理制度过于呆板。有的高校教师和学生，尤其是学生有实验需求时，无法在短时间获得进入实验室的许可，且很多材料、设备的使用也均需经过审核，这极大地限制了教师和学生的实验自由。

问题五：高校实验室资金管理制度不够严格。突出表现为：①资金挪用，本该用于实验建设与器材购买的资金被作他用；②缺乏资金使用计划，有些不常用或耐用品存货多却反复购买，而有些易耗品、急需品存货不足，但未及时购买，且需要购新设备时常常出现资金困难。基于此，我国各实验室可以借鉴现代企业资金管理模式，注重资金的流程管理和开发利用，让资金公开透明。

（三）高校实验室管理制度建设的对策和措施

高校实验教学肩负着学生动手能力提高和科学素养提升的重任，也是我国实施素质教育和科教兴国战略的重要载体。基于当今时代对于高素质人才的需求，我国高校实验室管理体制和机制的革新迫在眉睫，只有先进、优秀的制度，才能设计出科学合理且行之有效的实验室运行规则，保证实验室效能的发挥。

1.强化高校实验室管理理念的更新

高校实验室的有效管理，制度是缺一不可的，这一理念必须深入到全校教职工和学生心中，尤其是实验室的各级管理者。同时，与制度理念相伴随的标准化、人性化和全过程的管理理念等，必须在具体实践中得以加强，并通过一系列规范程序和科学制度设计，对高校实验室管理制度效能进行提升。

2.加强高校实验室师资队伍建设

（1）加强实验室人员的职业技术制度建设，为从事实验室工作的人员构建一个公平合理的发展平台，即关注他们的职业地位、晋升空间…

（2）加强实验室师资队伍的激励机制建设，定期对其工作内容和工作质量进行评估考核，表现优异的可进行物质、资金的奖励，表现不佳的可采取一定的惩罚措施，以此激发他们的工作积极性。

（3）加强实验室师资队伍的培训开发制度建设，推进实验室师资队伍的创新体系建设，并以此来带动学生的实践理念和创新思维培养。

3. 加强高校实验室仪器设备管理，确保实验安全

（1）实验室设备仪器的购置和使用都应由专人管理，特别是购置前需明确购买需求，尽量避免资金浪费，提高仪器设备的利用率。

（2）实验室要树立良好的服务理念与效益理念，即一心一意、尽职尽责地为整个教育教学活动服务，从整体的角度对实验设备中心进行有效规划与管理，提高设备仪器的使用率，降低耗损。

（3）创建安全的实验室管理环境。实验室的安全，一靠制度，二靠人，两者缺一不可。为了进一步保证实验室的安全，可对某些不稳定因素进行动态监测，并出台相应的管理方案和应急预案，让危险因素在源头处断绝。

4. 加强高校实验室的教学制度建设

（1）制定切实可行的实验教学计划，教学计划应围绕着教育大纲和学生多样化的学习需求设计，同时既要保证基础的理论教学内容，又要保证充足的实验课堂，让学生的实践技能在理论与实验的交互融合过程中得到提升，最大限度地提高教学效果。

（2）实施灵活有效的实验教学方法，为创新实验教学设计出良好的制度模式。实验教学应尽力突破过去的机械性灌输方式，让学生积极地参与进来，并不断探索新的途径和方法，充分开掘学生的科研基因，提高他们运用现代化技术的能力。

5. 加强高校实验室财务管理制度建设

（1）完善财务管理制度，严格财经纪律，及时公开资金使用计划和使用情况，防止资金挪用、乱用、浪费等不良现象的发生。

（2）引入外部监督，实验室不仅要有自身专门的财务部门，更要引入外部监督，如聘请专业审计部门进行年度审计等，以保证资金合规、有效地使用。

6. 打造开发、开放的高校实验室制度体系

高校是知识传播的重要场所，理应秉持开发、开放的现代教育理念，以海纳百川之姿和共享交流之态，为学生知识的凝聚和综合素质的提升创造良好的条件。通常，高校实验室的开发包括运作程序的开发和知识成果的开发；高校实验室的开放包括向校内学生开放和向社会开放等，而这些均需要科学严明的制度来规范和促进。鉴于此，高校实验室在开发上应做到以下两点：①广泛提升社会力量对校内实验室的关注度与

投入度，实现校内资源与社会资源有机整合，以拓展实验室规模、丰富实验室资源；②构建完善的激励政策，引导、鼓励实验室成果走向社会，大力提升实验室的经济效益。而在开放上也应做到如下两点：①在各高校建立统一的实验室管理系统，将各个分散、独立的小圈聚合起来，若有需要还可以以地区为界限，联合本区域以及周边区域的兄弟院校共建实验室，甚至还可以将实验室独立于高校进行单独运作和管理；②构建师生在实验室开放学习的制度，适时引入更大范畴的交流共享体制，以提升实验室的教学效能。

三、营造实验室文化育人环境，推动共享共发展

文化建设是长久保持实验室生机与活力的必由之路，是其实现可持续发展的根本途径，也是构建高质量、高管理水平实验室的有效手段。闽南理工学院实践教学中心（以下简称"中心"）实施以应用能力为本的文化建设战略，科学地处理继承与发展的关系，实现实践教学中心的可持续发展。

（一）以应用能力为本的文化内涵

以应用能力为本的文化由精神内涵（深层文化）、行为落实（中间层文化）和物化体现（表层文化）三部分有机构成，其核心是以应用能力为本的理念和价值观。

1. 精神内涵

（1）方针：以提升大学生技术应用能力、创新实践能力为目标，全体成员（教师、学生、其他合作者）以"能力建设与能动发挥"为核心，开展实验教学活动。

（2）理念：①能力是品牌要素；②有能力方有用武之地；③学生技术应用能力是就业竞争力；④提升学生技术应用能力是对国家负责，为社会服务。

（3）价值观：①以学生为中心，建设一流的教学环境；②以满足人才需求为导向，追求用户满意；③培养高素质技术应用能力人才，为国家建设做贡献。

（4）道德观：①诚实守信，求真务实；②追求真知，立足实干；③各司其职，各负其责；④团结合作，奋勇争先。

2. 行为落实

行为落实是以应用能力为本的文化的精神内涵在行为层面的展开和落实，具体体现在以下方面。

（1）政策导向

以政策为导向，引导中心能力建设工作。

①建立和完善以能力为本的评价机制。

②建立和形成能者优、能者先的激励与竞争机制。

③鼓励学习新技术、新工艺，深化教育教学改革。

④推动中心的品牌战略。

（2）行为准则

①教师：以学生为中心，构建以应用能力为本的实验教学体系，提升教学能力和教学水平，不断改进教学质量。

②学生：以学习为主，主动、积极地参与到各项实验教学活动中，切实体会实验的过程，收获成功的喜悦之感。

③中心：全心全意为文化建设服务，最大限度地满足全校师生对于实验学习的合理需求。

（3）行为规范

行为规范是实施以应用能力为本的价值观和行为准则规范化与制度化的保障。

①制度：侧重于某一时期，为解决能力提升问题提出的政策导向、工作原则和要求。

②标准与规范：能力标准与规范是针对人才培养需求提出的专业技术能力与教学能力的要求。

3. 物化体现

物化是文化理念、追求和行为的外在表征，具有形象性和感知性。

（1）体现办学指导思想：学生技术应用能力培养是中心的根本任务，符合国家"地方本科高校转型""应用技术大学建设"的需要，充分体现中心实验教学的使命与责任。

（2）文化用语：学生技术应用能力培养教学过程中的特色语言，如体验教学、能力为本、团队合作、安全第一、质量是企业的生命线等，体现对能力的追求和行为目标。

（3）以应用能力为本的工作系统：上下协调，建立健全工作机制，始终坚持以人才培养为己任，做精品工程。

（4）人才成果的品牌效应：以应用能力为本的文化建设的成果最终是人才。突出的人才成果是中心的品牌形象，具有品牌效应。

（5）具有以应用能力为本的文化氛围标志和工作环境：以特色的标志及各种载体，以有序、清洁、安全的工作环境显现具有特色的文化氛围，强化行为准则，促进教师工作能力和学生技术应用能力不断提升。

（二）以应用能力为本文化建设的实施

1. 指导思想

以科学发展观为指导，继承理工特色文化，发扬正大气象、厚德载物的精神，与时俱进，形成具有时代特征、内涵丰富、引领中心发展的以应用能力为本的组织文化。

2. 主要措施

（1）强化领导作用：中心领导作为以应用能力为本的文化建设的倡导者、组织者和推动者，不仅要正确理解文化建设的有机构成和建设核心，更要积极探索文化建设的新模式，保证建设工作能够高效且有条不紊地进行。

（2）加强宣传：在校内周会、月度会议、技能培训、教学科研等活动中都均应加强对该文化建设的宣传与教育，提醒、鼓励全校教职工主动参与到文化建设中来，营造一个和谐、积极的文化环境。

（3）将加强体验教学建设，培养学生创新实践、团队合作能力作为中心的工作重点：中心致力于以应用能力为本的体验教学建设，合理构建课程体系，打造技术应用能力培养平台，开展大学生团队项目训练，组织专题设计竞赛，大力支持大学生兴趣社团——未来工程师协会，加强技能培训服务，开发实验、实习、实训课程及产学研合作教学项目等，不断丰富体验教学形式。

（4）完善规章制度：根据以应用能力为本的文化理念，科学制定政策。基于能力需求，重建实验教学体系，建立健全安全质量保障机制。

（5）树立先进典型：在以应用能力为本的文化建设中涌现出一批优秀杰出的人物和典型事迹，为充分肯定他们的辛勤付出，鼓励广大师生向其学习，学校领导特对他们进行表彰。

（6）实施品牌战略：在加强实验硬件建设的同时，通过网站、专题篇、宣传栏、精品课程等建设，传达中心以能力为本的发展理念和丰富的建设成果，树立品牌形象。

综上所述，可知闽南理工学院在实验室的建设与管理上主要推行"软硬兼施""以人为本"等理念，以硬性的管理制度和柔和的文化熏陶共同推进本校实验室的繁荣发展，借助校内、校外的优势资源和力量进一步扩展实验室的规模和经济效益，在充分发挥实验室育人功能的同时也注重其社会价值的体现，促进实验室与现代社会的接轨，这些均对于各大高校实验室的建设与管理有着重要意义。

第二章 实验室试剂管理

第一节 实验室试剂使用与管理

一、化学试剂的概念

化学试剂是进行化学研究、成分分析的相对标准物质，是科技进步的重要条件，广泛用于物质的合成、分离、定性和定量分析，可以说化学试剂是科研领域和国民经济发展的重要基础和动力，如教育行业、生产制造业、国防军工、医疗卫生事业等行业的发展和进步均与化学试剂息息相关。

化学试剂的特点包括：品种多、质量要求严格、应用面广、用量少，其具体内容如下。

1. 品种多

相关数据表明，全球现存的化学试剂约有 5 万种，且新的品种还在不断研发中，其数量在逐年增长着，能够很好地适应科学技术发展的新需求。

2. 质量要求严格

化学试剂与科学实验密切相关，其质量好坏直接影响科学实验的结果，因而每种化学试剂都有相应的技术指标和质量标准，随着时代的发展，人们对其质量的要求也逐步在提高。

3. 应用面广

化学试剂与人类的生产与生活息息相关，无论是科研领域的教学研究活动，还是生产制造行业的工作开展均离不开化学试剂。且现今学科间的交叉性也愈加明显，未来使用化学试剂的领域将会更多。

4. 用量少

在实际使用中，大多数化学试剂的用量都不大，有的甚至仅需几克或几滴即可达到相应实验需求。但用量少并不意味着它不重要，于所有实验而言，每一种试剂都对其结果有一定影响，因此，无论其用量多少均是不可或缺的。

化学试剂种类众多，有着不同的性质特点，而其具体特点不仅受到本身成分和结构的影响，还与外部因素有着莫大关系。在一定外部因素（如温度、湿度、光照等）的干扰下，有些化学试剂将发生潮解、霉素、变色、聚合、氧化、挥发、升华和分解等变化，使其失效而无法使用，有的化学试剂甚至能够引发安全事故，如燃烧、爆炸、释放毒气等。因此，在化学试剂的贮存、运输和销售过程中必须采用合理的包装，适当的贮存条件和运输方式，确保其品质和安全性。特别是那些有特定要求的化学试剂，需严格按照其要求使用和存放。

二、化学试剂的分级

一般依据化学试剂的纯度，可将其划分成四个等级，各等级的主要内容见表2-1。

表2-1 化学试剂等级对照表

试剂等级	标签颜色	国际通用等级符号	纯度	适用范围
一级（优级纯）	绿色	GR	纯度极高，≥99.8%	主要用于精密分析和科研测定工作
二级（分析纯）	红色	AR	纯度较高，≥99.7%，略次于优级纯	主要用于一般分析和科研工作
三级（化学纯）	蓝色	CP	≥99.5%，纯度与分析纯相差较大	主要用于工业和教学中的一般分析及有关制备
四级（实验试剂）	黄色棕色	LR	纯度较差，但略优于工业品	适用于教学的一般实验，或作为科研工作的一般辅助试剂

除上表2-1所述的四个试剂级别外，市面上也流行着一些其他试剂，如基准试剂（PT）、光谱纯试剂（SP）、高纯试剂等。基准试剂的纯度略高于一级试剂，专门作为基准物质用，可直接配制标准溶液，其主要成分含量99.95%~100%，杂质总量小于0.05%。光谱纯试剂表示光谱纯净，但由于有机物在光谱上显示不出来，所以有时候主要成分达不到99.9%以上，使用时必须注意，特别是作为基准物时，必须进行标定。高纯试剂又称超纯试剂，其主要成分含量在99.99%以上，杂质含量比一级低，主要用于微量及痕量分析中试样的分解及试剂的制备。

三、一般化学试剂的管理

1.建立健全的化学试剂管理制度

建立健全的化学试剂管理制度包括申购、审批、采购、验收入库、保管保养、领用、定期盘点、退库及过期试剂的报废处理等方面的管理制度，防止化学试剂外流，化学试剂申购表见表2-2。

表2-2 化学试剂申购表

申请部门			申请时间	
生产商或供应商				
化学试剂名称 （CAS号）	技术要求	申购数量	价格	备注
经费预算				
科室负责人意见 　　　　　　　　科室负责人　　　　　　　　年　月　日				
审核意见 　　　　　　　　技术主管　　　　　　　　年　月　日				
批准意见 　　　　　　　　站长　　　　　　　　年　月　日				

2. 做好化学试剂的采购、储存量控制

（1）化学试剂的采购一般依照其具体用量进行合理采购，如常用试剂通常按季度消耗量采购；用量较少的试剂按年度用量采购；那些用量极少的试剂，则主要以最小包装单位的数量采购。

（2）容易变质的化学试剂尽量少采购、少储存。

（3）在采购试剂时应严格按照实验要求的级别选购，不得将试剂"升级"使用（即用低级别的试剂代替高级别的），为了减少采购品种和数量，可以将高级别的化学试剂少量地用于较低档次的实验。

（4）尽量少用高毒性、高危险性的化学试剂，若确需使用的也应严格控制购买量，尽量少采购、少储存。

3. 做好化学试剂的验收入库工作

（1）化学试剂验收的依据：采购清单、送货单等。

（2）验收程序：审核单据，单货核对，质量点验。验收过程中应坚持"以单为主，以单核货，逐项对列，件件过目"的原则，尽量避免错误，减少误差。

（3）验收要求：凡入库的化学试剂必须单、货相符，品种、规格、数量一致，包装完好，标签完整，字迹清楚，无泄漏、水湿现象，液态试剂应无沉淀物并呈现标签所规定的形状和状态，固体试剂应无吸湿、潮解现象；对于不满足要求的化学试剂，不得收入库房，其中无法退换或用到它处的试剂，应及时做报废及销账处理。

（4）定位保管：根据试剂的种类和性质，分门别类地放置于指定位置存放保管，基准试剂和标准试样应专柜存放，其余试剂按规定分类存放。

（5）办理入库手续：经验收合格的化学试剂应及时办理入库手续，登记入账，以便迅速投入使用，并填写试剂入库验收记录表，见表2-3。

表2-3 试剂入库验收记录表

日期	试剂名称	规格	数量	批号	有效期	生产厂家	外包装检查	验收人

4. 做好化学试剂的日常保管保养工作

（1）经常检查储存中的化学试剂的存放状况。发现试剂超过储存期或变质应及时报告，并按规定妥善处理（降级使用或报废）和销账。

（2）避免环境和其他因素的干扰。所有化学试剂在取用后，禁止返回到原储存容器；属于必须回收的试剂或指定需要退库的试剂，应用其他专用的容器回收或储存；具有吸潮性或易氧化、易变质的化学试剂必须密封保存，避免吸湿潮解、氧化或变质。

（3）定期盘点、核对。库房中的试剂应定期进行盘点、核对，以便于掌握真实的存放数据，核对时还应将相关的信息填入盘点记录表（见表2-4）。

（4）发现差错应及时检查原因，并报主管领导或部门处理。

表2-4 化学试剂盘点表

盘点日期	试剂名称	规格	单位	入库总数量	总金额	结存数量	总金额	差异

5. 一般化学试剂的分类存放

（1）无机物，按盐类、氧化物（均按元素周期表分类）、碱类、酸类等类别分别管理和保存。此外，不同形态（如固态、液体）的试剂应独立存放。

（2）有机物，按官能团，如烃、醇、酚、酮等分类存放。

（3）指示剂，按酸碱指示剂、氧化还原指示剂、络合滴定指示剂、荧光指示剂和染色剂等分类存放。

化学试剂品类众多，不同类别的性质特点各异，也具备一定的危险性，所以必须由专门的人员管理，此类人员应熟练掌握化学试剂的管理知识，如了解试剂的基本性能、状态、操作使用流程、危险性以及安全防护知识等。

四、危险性化学试剂的管理

（一）危险化学品的分类及标签

危险化学品种类繁多，性质各异，在众多不同点中也存在一些共同之处，人们便根据其相似的破坏性、毒害程度、危害途径等对其进行分类。危险化学品的分类参照本书第六章相关内容。

常见的化学品均采用 GB 20576—2006 ~ GB 20599—2006、GB 20601—2006 ~ GB 20602—2006 规定的危险象形图（见表2-5）。

表2-5 9种危险象形图

危险象形图			
该图形对应的危险性类别	爆炸物：类别 1 ~ 3 自反应物质：A、B 型 有机过氧化物：A、B 型	压力下气体	氧化性气体 氧化性液体 氧化性固体
危险象形图			
该图形对应的危险性类别	易燃气体，类别 1； 易燃气溶胶； 易燃液体，类别 1-3； 易燃固体； 自反应物质，B-F 型； 自然物质； 自燃液体； 自燃物体； 有机过氧化物：B ~ F 型； 遇水放出易燃气体的物质	金属腐蚀物； 皮肤腐蚀 / 刺激，类别 1； 严重眼损伤 / 眼睛刺激，类别 1	急性毒性，类别 1 ~ 3
危险象形图			

该图形对应的危险性类别	急性毒性：类别 4； 皮肤腐蚀 / 刺激：类型别 2； 严重眼损伤 / 眼睛刺激：类别 2A 皮肤过敏	呼吸过敏 生殖细胞突变性 致癌性 生殖毒性 特异性把器官系统毒性一次接触 特异性靶器官系统毒性反复接触 吸入危害	对水环境的危害，急性类别 1，慢性类别 1、2

（二）危险化学试剂的采购

危险化学试剂的采购需提供购买申请表，销售单位生产或经营危险化学试剂的资质证明，购买企业的社会统一信用代码，以及法人及经办人的身份证明复印件等去公安局相关管理部门进行备案，采购流程图如图 2-1 所示。

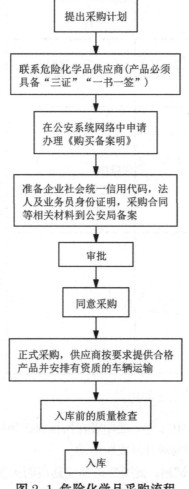

图 2-1 危险化学品采购流程

（三）危险化学试剂的存放

贮存化学危险品的建筑物不得有地下室或其他地下建筑，其耐火等级、层数、占地面积、安全疏散和防火间距，应符合国家有关规定，且不得干扰或损害周边环境和居民的正常生活。贮存易燃、易爆化学品的建筑，必须安装避雷设备。贮存化学危险品的建筑必须安装通风设备，并注意设备的防护措施。贮存化学危险品的通风建筑的通排风系统应设有导除静电的接地装置。通风管应采用非燃烧材料制作。

表2-6中所示的是一些常见化学试剂的贮存方法。

表2-6 常见化学试剂的贮存

常见试剂	常见品种	特性	贮存方法
易燃易爆品	汽油、乙醇、钾、钠、乙醚、乙酸乙酯、硝化甘油、丙酮等	遇明火燃烧；瞬间剧烈反应	①存放处阴凉、通风、室温低于30℃ ②远离热源、氧化剂及氧化性酸类 ③试剂柜铺上干燥黄沙
强氧化性物品	硝酸钾、高氯酸、高锰酸钾、过硫酸铵、氯酸钠	强氧化性，遇酸碱、易燃物、还原剂即反应	①存放处阴凉、通风 ②与易爆、可燃、还原性物质隔离
强腐蚀性物品	硫酸、盐酸、硝酸、氢氧化钠、氢氟酸、苯酚	强腐蚀	①存放处阴凉、通风 ②贮存容器按不同腐蚀性合理选用 ③存入用耐腐蚀材料制成的试剂柜中 ④酸类应与氧化物、遇水燃烧品、氧化剂等远离
放射性物品	夜光粉、铈钠复盐、发光剂、医用同位素磷-32、铀—238、钴—60、硝酸钍	放射性	①内外容器存放，存入由屏藏作用材料制成的试剂柜中 ②防护设备、操作器、操作服 ③远离其他危险品，包装不得破损，不得有放射性污染 ④存过放射性物品的地方，应在专业人员的监督指导下全面清洁，否则不得存放其他物品

（四）危险化学试剂的安全使用

为了确保化学试剂的使用安全，使用者在操作前必须熟悉所用试剂的性质特点，并做好安全防护，严格按照要求开展实验活动。

（1）易燃、易爆化学试剂，此类危险品应远离明火使用，需加热时也不可直接用加热器。实验者应将防护用具穿戴齐全，如防护服、护目镜等。

（2）遇水易燃试剂，使用此类试剂时应严防水的渗入，且尽量不让皮肤与之直接接触，以免被灼伤。

（3）氧化性试剂，使用这类试剂时，环境温度应低于 30 ℃，室内保持通风，且不可与有机物或还原性物质共同使用（加热）。

（4）腐蚀性化学试剂，在实验过程中无论触碰到何种带有腐蚀性的试剂，均应迅速清理，以免造成严重伤害，因此使用者必须熟悉化学试剂的特点并掌握一定的防护和急救措施。

（5）有毒化学试剂，使用前了解所用有毒化学试剂的急救方法，尽量避免与之直接以及长时间的接触，使用后，应及时全面地清洗，并换下工作服。

（6）放射性化学试剂，对于该类物质的使用一定要小心谨慎，熟悉其防护知识，准备好特殊防护设备，切忌大意，以免造成大面积污染和扩散，引发严重放射性危害。

（五）剧毒化学品保管、发放、使用、处理制度

为了严管剧毒品的贮存、保管和使用，防止意外流失，造成不良后果和危害，应对其进行严格的管理，主要内容如下。

（1）剧毒品仓库和保存箱必须由两人同时管理。双锁，两人同时到场开锁。凡是领用单位必须由双人领取和送还，未按照要求申领的，仓管员有权拒绝发放。

（2）严格执行化学试剂在库检查制度，库房内的试剂必须定期进行检查，若发现异常情况应及时寻找原因，提出相应的整改措施，并通知有关部门处理。

（3）剧毒品的发放应遵循"先进先出"的原则，并做好发放记录（包括发放名称、数量、时间、领用人、发放人等）。涉及剧毒化学品的实验，实验者应提前提交领用申请，且不可多领，领导后应将其全部配制成使用试剂。

（4）保管剧毒品的人员必须具备一定的专业知识，熟悉各剧毒品的性质特点，并能够根据其特点把控好环境条件（如保存温度、湿度、通风等）。使用剧毒试剂时一定要严格遵守分析操作规程。使用剧毒试剂的人员必须穿好工作服，戴好防护眼镜、手套等防护用具。

（5）使用后产生的废液不可随意倾倒，应倒入指定的废液桶或瓶内。产生的废液应在指定的安全地方用化学方法中和处理。废液必须当天处理完毕。同时应建立废液处理记录（记载好废液量、处理方法、处理时间、地点、处理人等）。

第二节　标准物质管理

标准物质是一种已经确定了具有一个或多个足够均匀的特性值的物质或材料，

作为分析测量行业中的"量具"，在校准测量仪器和装置、评价测量分析方法、测量物质或材料特性值和考核分析人员的操作技术水平，以及在生产过程中产品的质量控制等领域有着重要作用。

一、标准物质特性

标准物质主要有三个特性，分别是准确性、均匀性和稳定性，具体内容如下。

1. 准确性

通常标准物质证书中会同时给出标准物质的标准值和计量的不确定度，不确定度的来源包括称量、仪器、均匀性、稳定性、不同实验室之间以及不同方法所产生的不确定度等。

2. 均匀性

均匀性是物质的某些特性具有相同组分或相同结构的状态。计量方法的精密度及标准偏差可以用来衡量标准物质的均匀性，精密度受取样量的影响，标准物质的均匀性是对给定的取样量而言的，均匀性检验的最小取样量一般都会在标准物质证书中给出。

3. 稳定性

稳定性是指标准物质在指定的环境条件和时间内，其特性值保持在规定的范围内的能力。

二、标准物质的管理

在管理方法上，标准物质与一般化学试剂大致相同，但若仔细探究，不难发现前者在管理上更为严苛。

（一）标准物质的购买

标准物质的采购需求由检测人员提出，该物质的管理人员负责编制申购计划，计划完成后提交给验室负责人，待审核批准后方可购置。申购计划应包括物质名称、规格、数量、定值范围、成分、用途等。

标准物质管理员负责标准物资采购。标准物质有其稳定的一面，为了最大限度地确保其稳定性，一般不应随意变换供应商，可与优质的供应商保持长期的合作关系。在挑选供应商时应注意以下几点。

（1）用于设备校准类的标准物质，一般选择设备的生产商提供的标准物质，譬如，购买的是甲供应商生产的 pH 计时，最好也从此处购买 pH 缓冲溶液，这是因为从其他供应商处购买的标准溶液有可能与 pH 计不相符，以至于损伤设备，缩短其使用寿命。

（2）有证标准物质的选择要保证供应商的资质，对于提供标准物质的供应商一般对其生产资质有一定要求，从具有优良生产资质的供应商处购买货物，使用时会更为便捷、安全，通常对其资质的评估可从网站上查询，或直接要求供应商提供，对于未达到规定生产资质的供应商一律不得选择。

（3）对于有溯源要求的标准物质，可以委托供应商到当地的检定机构对购买的标准物质进行检定或校准，以确保购买的标准物质是可溯源的（标准物质质量溯源流程见图2-2）。

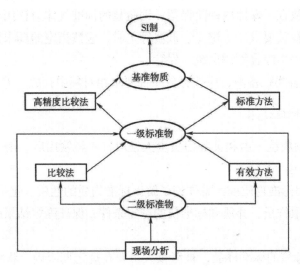

图 2-2 标准物质量值溯源图

（二）标准物质验收入库

（1）仔细检查标准物质，检查的主要内容包括：外观是否完好无缺，资料证书是否齐全，物证是否相符（如名称、规格、型号、颜色等），保质日期是否有效，技术与性能是否符合使用要求，等等。

（2）建立标准物质台账，内容主要包括：序号、标准物质名称及编号、型号规格、标准值及不确定度、数量、研制单位、有效期、验收情况及日期。

（3）验收后确认合格的标准物质应及时登记入库，对于其中未达到要求的，应与供货商联系协商处置措施，严禁将不合格的标准物质入库。

（三）标准物质领用

使用标准物质应办理领用手续，并做好登记，见表2-7。

表 2-7 标准物质存放 / 领用一览表

标准物质名称	编号	浓度	生产厂家	定值日期	有效期	存放数量	领用日期	领用数量	领用人	经办人	剩余数量	进货日期

（四）标准物质贮存

标准物质的贮存应严格按照证书中的要求进行，以确保其有效性和安全性。定期对贮存标准物质的冰箱进行监控记录。通常用安瓿瓶装的液体物质可存放在泡沫盒内，固体物质存放在干燥器内密闭保留，钢瓶装的标准气体应该用金属链固定。当标准物质证书上有存放要求（如避光、低温等）时，应按指定的要求保留。用于质控的标准样品，其证书由综合管理员统一保管。

对于自配的各类贮备液，应按存放条件要求相对集中存放，专人管理。

（五）标准物质使用

（1）标准物质统一由相关部门负责人领取，一经领用后，由部门负责人负责妥善保存及正确使用。

（2）在使用标准物质前，需详细了解该标准物质的性质、化学组成、量值特点、稀释方法、最小取样量、介质和标准值的测定条件，保证测定结果的准确、可靠，避免误用。

（3）用于考核的标准样品，被考核人员要在规定期限内，将标样考核结果以报表的形式上报质控室，由质控室负责考核结果的评价。

（六）标准物质的核查

1. 标准物质应溯源到SI测量单位或有证标准物质（参考物质）。若技术和经济条件允许，应对参考标准、基准、传递标准或工作标准以及标准物质（参考物质）进行期间核查，以保持其校准状态的置信度。

2. 标准物质期间核查方法

（1）确定期间核查的标准物质，可根据实验室使用标准物质的具体情况和影响因素来确定期间核查的标准物质。标准物质的稳定性和确定性在使用中会有一定变化，如温度、湿度、盛放器皿、操作不规范或不严谨、通风性、光照、储存时间、微生物等均会对其稳定性和准确性产生相当程度的影响。对于溶液标准物质，应注意其储备容器的洁净度和密封性以及储存条件等；对于有机标准物质，应注意其储存温度、保质期以及取用规范性等；对于固体标准物质，应注意防潮、风化和密封性等。上述内容都是影响标准物质特性的关键因素，在核查时可重点关注。

（2）标准物质期间核查时间的间隔，一般可根据实验室对标准物的使用频次和实验室贮存标准物质的条件来决定。实验环境和贮存条件良好，又有一套规范的标准物质管理程序和专人、专柜保存时，检查间隔时间可适当延长。实验室首次使用的溶液标准物质，期间核查时间间隔可以按先密后疏的原则安排，找出此标准物质期间核查的间隔点，来确定核查间隔。固体标准物质的稳定非常好，有效期长，严格按照规定贮存的，通常可以每间隔半年核查一次。但有部分固体标准物质中存在一些活跃的成分，可视具体情况调整核查间隔时间。

（3）标准物质期间核查的记录，可根据实验室原始记录的规范格式，编制出标准物质期间核查相应的记录表格。内容应涵盖：期间核查标准物质的名称、编号、购买时间、有效期、核查方法依据、使用标准溶液相关信息、标准物质的贮存条件、核查数据、统计公式、结果评价。

（4）标准物质期间核查报告，一般根据标准物质期间核查原始记录的结果评价，给出规范的标准物质期间核查报告。如报告结果为标准物质期间核查测定结果与标准证书的标准值没有显著差异，表面实验室保持了该标准物质量值的稳定性和准确性，可以继续使用该标准物质；如报告结果为该标准物质稳定性准确性已达到控制的临界水平，应立即采取预防措施，确保其稳定性和准确性；如报告结果为标准物质的期间核查测定结果与标准证书的标准值有显著差异，表明实验室中该标准物质的稳定性和准确性已超出了控制临界水平，应立即停止使用，并做好记录。

3. 必要时，质控室负责制定标准物质核查计划并对在有效期内的标准物质实施核查。

（七）标准物质的过期处置

实验室中物品众多，难免会存在一些变质和超过有效期限的标准物质，对于此类物质应定期做报废处置，并存放于远离有效物质的存放区域，及时从正在使用的标准物质目录中注销。对于无法再做他用的废弃标准物质，应严格按照要求进行无害化处理，避免对环境以及人员造成损害。通常，在处置废弃的标准物质时，应至少有2人参与，并做好处置记录，见表2-8。

表2-8 过期标准物质处置登记表

序号	标准物质名称	标准物质实验室编号	标准物质编号、浓度和包装规格	失效日期	处置日期	处置方式	处置人	备注

第三节　样品管理

样品的管理主要是对样品的运输、交接、处置、保护、存储、保留和清理等各个环节实施有效控制，确保其完整性、可识别性以及得到无害化处理。

一、样品收集

（1）根据采样规范要求，妥善保存和安全运输采集样品，运输过程中应防止其污染、损坏以及变质。

（2）现场采样人员应及时将样品交样品管理人员，样品管理员在接收时，应仔细检查样品的数量、特征、状态等，如无异常，双方可在《样品交接记录表》（表2-9）上签字确认。

表2-9 样品交接记录表

任务（检测项目）名称					
送样单位/部门		送样人		送样日期	
样品的数量、性质、状态描述					
接收部门		接收人		接收日期	
备注					

（3）客户委托的样品，由专门的业务员负责接洽，送样人将样品交样品管理人员。样品的交接程序与上述（2）所述内容一致，对于客户有特殊要求的样品应当按照客户的需求进行检测确认，当无法满足其要求时业务员应及时与他们沟通，并征询其意见。在此过程中，应注意保护客户机密的信息和利益。

二、样品编号

样品管理员接收样品后，应及时做好样品编号工作。通常，实验室样品编号可以根据采集的日期、检测项目、采样点位以及采集次数等排列，样品编号示例见下图2-3。

图2-3 样品编号示例

三、样品流程单填写

样品管理员为所有样品编好号后，应及时填写并公布《样品流程单》（表2-10），并说明是否需留样，产品样品需返还时应加以备注，通知相关分析人员，分析人员分析完样品后，在《样品流程单》签字。

表2-10 样品流程单

业务室	样品名称		样品编号		规格、型号	
	接收日期		样品数量		送样人	
	接样人		产品标准		检验类别	◉委托检验
						◉监督检验
检验室	检验项目	移交日期	移交人	接样人（检验人）	检验日期	备注
	◉ **** 项目					
	◉ **** 项目					
	◉ **** 项目					
	◉ **** 项目					
	检验报告日期			确认人		

四、样品检测

样品的质量关系到实验的效果，因而对其进行详细的检测是十分必要的。通常一个样品会涉及到多个检测项目，检测者每完成一项检测，应及时在《样品流程单》中对应的栏目添加"√"标识，待所有项目均检测完成，且检测者提交好相关数据后，样品管理员应在备注中填写"检测完成"并签字确认。对于该类已完成检测的样品，应放入检测完成区暂存，等待处理。

五、样品保存

1. 样品的保存要求

（1）不同的样品应严格按照其要求保存，譬如，水样的保存期较短，因而需尽快分析测定；土壤样品需经过一定的加工程序（如晾晒、打磨、筛选等），再放入样品盒蜡封保存；而生物样品则需注意保质、保鲜；此外，有的样品还需注意防潮、防破损、防光照、防火以及保证通风性等。

（2）对于有特殊环境要求的样品，应实时监控其贮存状态并做好记录。

（3）采集的样品应分类保存，以免交叉污染，对于有危险性的样品应粘贴相应的警示标识，并设立有效地防护隔离措施。

（4）样品留存时，应在其外包装上贴上标签，内容包括：样品名称（采样地点）、编号、保存期限，并填写《样品入库登记表》（表2-11）。

表 2-11 样品入库登记表

序号	样品名称	样品编号	取样人	是否留样	留样日期	处理日期	处理人	备注	
				是⊙	否⊙				

2.样品留存范围

（1）大规模的背景值调查，大型课题的样品，包括土壤样、生物灰样、水样在课题结束后留存入库，一般保存谱仪样品。

（2）对监督性监测、仲裁性监测样品和客户要求、项目要求、质量控制要求留存的样品，分析后由样品管理员统一收集，在保存有效期内保存。

（3）常规监测需要保留的样品，一般保存固体样。

（4）技术主管认为需要保存的其他样品。

（5）谱仪测量的样品一般都需留存。

3.样品留存时间

（1）所有样品保留要保证其复测的有效性。

（2）大规模的背景值调查，大型课题的样品，存放期限为两年或按要求保留，核电样品需长期保存。

（3）监督性监测、仲裁性监测样品和客户要求留存的样品存放期限为两个月。

（4）常规监测的样品，存放期限为两年。

六、废弃样品处理

（1）凡送检的产品样品，按与客户达成样品检毕后的处置或归还的协议处理。

（2）监督性监测和仲裁性监测样品、客户要求留样的样品，测毕后由样品管理人员统一收集，在有效保存期内，按样品的保存要求妥善保存，逾期则予以处置。

（3）监测报告发出15日后，不需入库的样品和保存期已过的样品由样品管理人员按环保要求处理，并及时填写《样品处理登记表》（表2-12）。

表 2-12 样品处理登记表

样品名称	样品编号	处理方式	处理日期	检验人	监督人

七、样品的归档

实验室中样品种类繁多，为保证其存放和使用的安全与规范，以及方便管理和查阅，必须对其进行归档。通常，样品管理过程中的所有文字资料和记录均由专门的样品管理员经手，并全部归档保存。

第三章 实验室设备管理

第一节 实验室设备管理流程

仪器设备是实验室开展检测工作所必需的重要资源，也是保证检测工作质量，获取可靠测量数据的基础。由此可见，在实验室的管理过程中也应注重对仪器设备的管理，它也是实验室管理的重要环节之一。

实验室设备管理，即利用科学有效的管理理念、方法、措施、程序，做好实验室设备的计划、选型、采购到日常使用和维护工作。实验室设备管理由五个环节构成，即计划选购、开箱验收、安装调试、管理和维护。实验室设备管理的主要目的是使仪器设备在整个使用寿命周期内处于受控状态，以保证仪器设备配备合理，量值准确可靠，为取得科学、准确、可靠的检测数据提供保障，主要流程见图 3-1。

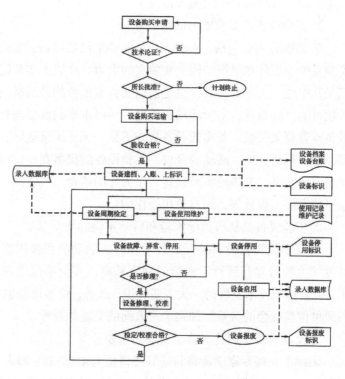

图 3-1 实验室设备管理流程图

一、实验设备的含义

实验设备是高等学校教学、科研、生产和生活上所需要的各种器械用品的总称。包括：教学实习的生产工艺设备、实验教学的仪器设备、科学实验的仪器设备、电子计算机及终端设备、复印设备、劳动保护设备及空调设备等。

从实物形态来看，有机床、仪器、设备、装置、炉窑和搬运工具等。从使用单位来看，各类器材的叫法众多，名称并不一致，常用叫法有仪器、设备、仪器设备、实验装备、IT设备、现代工业设备等。中国设备管理协会将其统称为设备，多数高等学校和科研单位称之为仪器设备。

一般而言，公众常将测试用的仪器设备称作仪器，而将制作和生产性质的仪器设备称为设备。但，在现实生活中仪器和设备往往是密不可分的。这是因为，现今大多数的仪器设备是科学技术的综合体，兼具着制作、生产和测试的性能，同时随着科学技术的发展，使得这三者间的衔接与联系日益加强，因而，人们便将仪器和设备统称为仪器设备。

二、设备在实验室中的地位

实验设备是实验能力的重要组成部分，是开展教学、科研活动的重要物质基础，也是实验室管理内容中的关键构成。

1. 实验设备是实验能力的组成部分

实验能力主要包括：实验人员，实验室仪器设备，实验技术与管理的情报资料，实验室的组织体和组织结构，实验室的潜力。在以上实验能力中，实验室仪器设备不仅是其中的一大主要构成，也是创造实验室价值的最活跃的因素。于实验室而言，实验项目的开展数量，实验活动的质量，科研水平的发展与提升等，均与实验室的仪器设备有着莫大关系。若实验设备状态不良，无法正常运转，势必会降低实验能力，阻碍教学、科研、生产活动的开展。实验设备的优劣在一定程度上决定了实验技术和科学研究的水平。先进的实验设备，于人才的培育，实验活动的增设，实验教学与科研水平的发展与提升等，均有着积极作用。

2. 实验设备是从事教学实验和科学实验的物质基础

高等学校实验设备是开展教学和科研活动的积极因素，是培养学生实验技能、开发学生智力和开展科学实验的物质基础，实验手段或者说科学仪器和技术装备水平，更是科学技术发展的一大主要标识。此外，仪器设备也是一座桥梁，拉近了高校、科研单位与社会的关系，加强了三者间的交流与合作。

3. 仪器设备管理是实验室管理的重要分支

国际上一些专家学者将科学管理概括为4M管理，即人（Man）、设备（Machine）、材料（Material）、财（Money）。此外，实验室的系统主要构成包括：人、财、仪器设备、时间、信息、机构、法规等。由以上观点可知，仪器设备管理是实验室管理的重要分支。

三、实验设备管理的任务

实验设备管理的任务是确保能够为实验室的活动提供最优状态的仪器设备，使实验室的教学、科研、生产和科技服务等活动建立在最佳的物质技术基础上。一般而言，实验室设备管理的任务主要包括以下两点。

其一，制定实验设备规划。主要依据自身的发展和用户需求进行规划，尽可能满足各项实验活动的要求，为提供技术上先进，经济上合理的仪器设备，在有关部门紧密配合下，进行调查研究、综合平衡，对实验室设备的增添、更新、维护等提出综合性规划。并要全面了解国内外实验设备的市场行情，如价格、性能、使用寿命等，选择更为合适的设备。

其二，不断优化实验设备的管理与维修制度，确保实验设备始终处于最佳技术状态。用最少的资金、人力、设备、材料和最优的方法，使实验设备达到最佳水平。提高实验设备的维修技术，及时解决备品配件的供应，定期组织设备管理与维修知识学习与技能培训活动。

第二节　采购管理

一、设备采购管理的工作内容

采购管理包括实验设备的配置、选型和论证，采购计划的制订和审批，计划的实施，从采购到安装、调试、验收等。如图 3-2 所示。

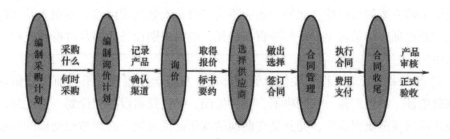

图 3-2 实验室设备采购流程图

（一）仪器设备的配置

仪器设备的配置是指实验室根据已有或拟开展的检测项目和参数，以及检测业务发展、科研、检测新技术和新方法研究、安全等方面的需要，对仪器设备的类型、准确度/不确定度、量程、数量、安装环境等进行合理配置。

实验室对仪器设备的配置首先建立在已有或拟开展的检测项目和参数的需要上，对扩展检测项目和参数的设备配置计划一般还应考虑到所扩展的检测项目和参数的资金投入、市场前景；在仪器设备的选型上，还需要考虑到分区布置和该检测项目所要求的环境条件；对有三废排放的仪器设备，还应考虑到环境保护问题。

现场检测设备的配置应满足所开展检测项目和参数的要求，设备的型号规格、技术指标应满足技术标准要求，设备台套数量的配置满足工期的要求，设备安装应符合技术标准或设备使用说明书的要求。

（二）选型和论证

仪器设备选型应考虑的问题一般包括：仪器设备的技术性能（测量范围、准确度/不确定度）要能稳定地满足检测工作的需要；仪器设备的工作效率能满足检测工作量的需求；仪器设备的可靠性、适应性、标准化程度、仪器设备的相互关联性和成套性；对操作技术的要求；仪器设备投资的技术经济效益；制造厂的产品质量、交货期、价格；劳动保护、技术安全与环保的要求；仪器设备制造厂家的信用和售后服务等。在采购计量仪器和量具时，相关厂商必须提供"制造计量器具许可证"。

充分做好购置前的市场调研工作，广泛收集有关设备产品资料，了解产品的性能和技术参数，与同类产品的优势与不足、产品前景与参考报价、设备配套等情况，做好产品的质量论证，坚持技术上的先进性、经济上的合理性、教学科研上的实用性；正确处理先进与实用的关系，在选型时不盲目追求新式高档、自动、数显等多功能、高性能的设备，而是根据部门的财力与实际需要，选择既满足使用又适应科研要求的设备。

采购清单的制定，关键在于对所需设备的名称、规格、技术要求、数量等，做好前期采购调研论证工作，深入市场以及走访各生产厂商，熟悉产品的相关情况，以此论证采购方案的可行性。此外，还应落实好设备安装使用地点、领用人及其配套设施的调研论证。尽量避免设备的浪费和损耗，确保采购设备能够及时得到验收，正常投入使用。

设备在采购管理过程中要健全管理体制，规范运作流程，采购前充分做好前期的调研论证，集思广益、共同决策、减少失误，保证仪器设备从计划、论证到采购和验收入库按规范流程运作，尤其是在前期的调研论证过程中必须站在全局的角度，综合考虑、统筹安排。

（三）采购计划的制订与实施

仪器设备购置合同在签订时，必须以往来函电的洽商结果为依据；内容应明确表达供需双方的意见，文笔流畅、表述精准、全面且无明显漏洞；签订合同必须手续齐全，且不得违背国家法规以及相关行业规定；合同必须考虑可能发生的各种变动因素，并列入防止和解决的方法；凡属计量器具的仪器设备，应在合同中明确由法定机构检定或校准合格，方可验收；合同中对仪器设备的交货期、配件、辅件、维修权责、保修期限等应予以明确，同时有相应的售后服务以及合同争议解决方式等条款。

仪器设备购置合同及协议书（包括附件和补充材料），订货过程中双方往来的函电和凭证，均应归档保存，以方便管理和查询，一旦供需双方发生纠纷也可作为解决依据。一般而言，可为合同设立专门的登记台账和档案，并将相关的资料和附件与之一同保存。

在充分掌握市场信息和技术信息以及充分征求使用人员的意见的基础上，按程序制订计划并加以实施，应重视订货合同及其管理。

仪器设备的购置一般有两种方式，一是招标；二是选择评价供货商。招标应按照国家相应法律、法规进行。选择评价供货商则可根据各仪器设备供货商的报价、售后服务、供货业绩等方面予以综合考虑后再明确。通常购置方式的选择，应根据采购需求而定，如价格、性能等。

公开招标采购，是招标单位在办理项目审批或备案手续（如需要）并通过后，由本单位或者委托招标代理机构，确认招标计划、采购时间、采购技术、合同条款、招标人资格、采购质量等内容后编制招标文件，然后通过公共媒体平台和工具，如网站、广播、报纸等进行公告，投标人看到公告后前往招标公司购买招标文件，参与投标。

招投标流程可以分为六个阶段：招标、投标、开标、评标、定标及订立合同等。各环节的具体内容如下。

1、招标

（1）对于需要审批或备案的办理项，招标方需先完成相关的审批或备案手续。

（2）启动招标工作，招标单位可以自行招标或者委托招标代理机构进行招标，招标人或者代理机构辅助招标人进行招标准备，需要确定招标进度、时间、技术要求、合同、投标人资格、质量等内容，并根据内容编写招标文件。

（3）采用公开招标的，招标公司需要发出招标公告；采用邀请招标方式的，应该向三个或以上符合投标要求的单位或组织发投标邀请书。根据招标项目的具体情况，可以举行现场踏勘。

（4）采用公开招标的，可以对报名参与的投标单位进行资格预审。

2、投标

（1）投标人看到公告或收到邀请后前往招标公司购买招标文件。

（2）获得招标文件后，投标人或者单位应研究招标文件和准备投标文件。期间，如有相关问题可与招标公司进行招标文件澄清，必要时招标公司可以组织招标项目答疑会。

（3）投标方根据要求编制投标文件，投标文件需要对招标文件的要求和条件做出响应。

（4）投标方在指定的时间范围内将投标文件投递至指定地点。

（5）投标方缴纳投标保证金。

（6）在投标时间范围内，若投标方对已投递的投标文件有调整，需要以书面的形式通知招标方。

3、开标

开标的时间和地点应按照投标文件指定的时间和地点进行，由招标人或委托招标代理机构主持开标会议，主管部门、行政监督部门、质量管理部门等派代表参加，具体开标流程一般分为以下几个步骤。

（1）投标单位签到。

（2）检查投标文件的密封情况，按投标文件提交顺序拆封正本，并提交投标保证金缴纳凭证。

（3）唱标，宣读投标价格、折扣价格等。

（4）会议结束，编写会议纪要，并向相关部门备案。

4.评标

评标工作一般由招标方依法组建的评标委员会负责。依法必须进行招标的实验室项目，其评标委员会由招标方的代表和有关技术、经济等方面的专家组成（具体成员以及组成方式主要遵照《中华人民共和国招标投标法》执行）。

5.中标

招标方确认中标人后，应将结果公示在公共平台上，并向中标人发出中标通知书。招标人和中标人应当自中标通知书发出之日起30日内，按照招标文件和中标人的投标文件订立书面合同。双方不得再行订立背离合同实质性内容的其他协议。中标人应当按照合同约定履行义务，完成中标项目。

（四）实验设备的验收管理

实验设备的验收管理是实现实验设备计划的重要环节，是保证实验设备质量的关键，是保证实验设备投入正常使用的基础。常用实验设备的验收，可由物资设备部门的验收人员、采购人员及使用单位的有关人员承担。实验设备的验收主要有两种方法，即常规验收和技术验收。

常规验收是指对实验设备的自然情况按订货要求进行检验。主要目的是检验实验设备是否按计划要求购入及对实验设备的包装、外表完好程度进行检验，核对零配件、备件及说明书等技术资料是否齐全。

实验设备技术验收的目的是保证实验设备有一个良好的技术状态。技术验收的主要内容是按照说明书的要求安装调试实验设备，检验实验设备的各项技术指标是否达到规定要求。

在验收过程中，验收者应当完善好验收记录，并将其归档保存（验收记录是实验设备的技术档案的重要组成）。对于验收合格的仪器设备应及时投入使用。若在验收中发现问题，如有破损、数量不准确、质量不达标或与采购计划有出入等，应和采购人员一起查明原因，及时办理退、换、补等手续。

1. 到货与接收

（1）仪器设备验收前准备

①仪器设备到货后，实验室应安排或培训专职技术人员，熟悉厂商提供的技术资料。

②对精密贵重仪器和大型设备，应派专人按照所购仪器设备对环境条件的要求，做好试机条件的准备工作。

③在搬运至实验室指定位置的过程中，相关人员要做好管理和监督工作，防止搬运过程中发生意外事故。

（2）内外包装检查

货物送达后，验收者应仔细察看其内外包装是否完好，仪器设备有无瑕疵、破损、雨水浸湿等损坏情况，标识上的名称、规格、说明等与采购清单是否相符。

（3）开箱检查

仪器设备由供货方运达实验室的指定地点后，应做开箱检查。一般而言，此项工作由技术负责人组织设备管理部门、使用部门共同进行，并有供货方人员在场。开箱检查的主要内容如下。

①外观包装是否完好。

②按照装箱单清点零件、部件、工具、附件、备品、说明书和其他技术文件是否齐全。

③检测仪器设备有无锈蚀和瑕疵，一旦发现应拍照留证，并妥善处理好。

④对于无须安装与调试的成品与半成品等物件，应注意移交，妥善装箱保管。

⑤对需要有基础安装的仪器设备，如万能材料试验机、压力机等，还需要核对设备的基础图和电气线路图；电源接线口的位置及有关参数是否与说明书相符。

在检查验收过程中，无论仪器设备的情况与采购计划是否相符，都应当做好详细地记录，作为该仪器设备的原始资料予以归档。对于其中存在问题以及有疑惑的地方，应及时与供货方沟通，并协商好处置措施。

2. 验收与初检

（1）数量验收

①对照供货合同和装箱单，检查主机、附件的规格、型号、配置及数量，并逐件清查核对。凡有安装合同的仪器，安装人员未到场时不可开箱验收。

②检查随机资料是否齐全，如仪器说明书、操作规程、产品检验合格证书、维

修保障书等。

③完善验收台账,记录好到货日期、验收地点、时间、箱号、品名、应到和实到数量、参与者、验收结果等。

（2）质量验收

①严格按照合同条款、仪器使用说明书、操作手册的规定和程序进行安装、调试、试机。

②对照仪器说明书,仔细测验各类技术参数,检查仪器的技术指标和性能是否达到要求。

③质量验收时应做详细记录。一旦发现问题,应以正式的函或邮件等形式告知供应方。可根据货物问题的严重程度,决定处置方式。

3. 仪器设备安装调试

仪器设备应根据技术条件和使用要求安装,安全装时既要保证好安全,也要最大限度地满足环境条件、用电负荷等要求,考虑便于设备操作和维护修理。

仪器设备的调试可分为空运转试验、负荷试验和示值准确度检查。仪器设备在安装完毕后,首先应进行空运转试验,特别是机械类的仪器设备,如压力机、切割机等,主要考核其稳固性,以及液压、操作、控制、润滑等系统是否正常和灵敏可靠。在空运转试验无误的情况下,方可进行试压、试切割等负荷试验,检查在负荷条件下的仪器设备运转是否正常。凡属计量器具的示值准确度应以检定或校准合格为准。

（1）到货仪器设备安装由实验室相关人员协助供应商完成。在调试过程中,应检查配件是否齐全。

（2）设备安装完毕,项目责任人及设备操作人员按合同、仪器设备说明书要求,对仪器设备各项功能及指标进行试验及检查,检查其性能指标是否与说明书相符,是否达到合同的要求,并记录。一旦出现问题,应以及告知供应方,并要求他们妥善处理。

（3）在对设备的验收完成后,所有参加验收工作的人员必须在验收报告单上签名确认,验收人要认真填写《仪器设备验收记录表》（见表3-1）,把相关照片附于表单对应位置。

4. 性能评价

性能评价是根据仪器设备进行开箱检查、安装调试后的结果,对整个仪器设备的技术性能是否符合规定要求及是否接收作出结论。

仪器设备在性能评价合格之后还需办理移交手续,如说明书、技术手册等资料应收集纳入设备档案归档保存。同时,按资产管理权限应纳入固定资产进行管理的仪器设备还应及时同本单位相关部门办理固定资产手续。

5. 注意事项

有些仪器设备体型较大、结构复杂,包含着多种零部件和配件,往往会用到多个包装箱,因此,在接收检验时,对每个包装箱都应严格遵照检验流程验收且拍照留证，并为其分别填写《仪器设备验收记录表》，以备查阅。

表3-1 仪器设备验收记录表

验收单位：   年 月 日

仪器设备名称			
合同号		购置日期	
规格型号		出厂日期	
出厂编号			
国别及生产厂			
供应商			
供货联系人		电话	
到货日期		验收日期	
验收人		电话	
开箱情况			
箱号	外包装情况（是否有破损及破损位置、破损程度）	仪器设备表面情况（是否破损、锈蚀及相应位置、程度）	合同、装箱单、实际物品相符情况
仪器设备及其主要部件（附件）			
箱号	名称	验收数量	备注
所附软件、技术资料及说明书情况			
编号		资料名称	数量
备注：			
验收情况			
主要性能及技术指标情况（按标书、合同和说明书规定的技术指标验收）：			
附件、备件情况（按标书与合同验收）：			
所附软件、技术资料及说明书完备情况（按标书与合同验收）：			
培训情况（按标书与合同验收）：			
索赔要求及解决结果：			
其他要说明的问题：			
验收结论：			
验收组组长（签字）： 年 月 日			
参加验收人员签名： 实验室主管：年 月 日 仪器管理人：年 月 日 项目负责人：年 月 日		生产厂、代表签名（盖章）： 年 月 日	
中心领导批示： 年 月 日		使用单位（盖章）：　　　　年 月 日	

附件 1 检测数据及图表

（粘贴所有技术指标检测数据的原始记录、图表）

附件 2 仪器设备外形图片

备注：本表一式三份；实验室、供货商、资产设备处各存一份

二、仪器设备供应商信息管理

仪器设备供应商信息管理主要是指对仪器设备供应商和生产厂家进行调查选择的基础资料、供货业绩、评价资料的管理。

在采购仪器设备和消耗材料前应选择合适的供货商，在挑选时应当全面了解供货方的资质、供货能力以及信誉度等，尤其要关注其实际生产能力和售后服务的态度和质量。在考察时，可以通过生产厂家的宣传网站直接查证，也可查看其提交的资料证明文件；若条件允许，也可到厂区进行实地考察；还可咨询同行业其他用户的评价和看法，了解有关产品的详细情况（如质量、价格、性能、维修保障等）。

通常，仪器设备各供应商应提供以下几种基础资料。

（1）工商登记证。

（2）税务登记证。

（3）制造计量器具许可证。

（4）产品的科研项目鉴定结论。

（5）企业质量管理体系认证证书。

（6）用户意见书。

供应商提供的以上资料，均应整理归档，且不同的供应商所提交的资料应分开保存，并做好显著标识。一般各仪器设备供应商的档案应包括：供应商名称、地址、联系方式、供应范围、以往供货业绩记录、评价及各类基础资料的复印件或原件。

第三节 设备管理

一、仪器设备一览表

实验室应建立仪器设备一览表（台账），包括抽样工具、样品制备和数据处理需用的辅助设备和相关软件。仪器设备一览表中应包含的信息如表 3-2 所示。

表3-2 实验室仪器设备一览表

序号	仪器设备名称	编号	测量范围	准确度/不确定度	出厂编号	制造厂家	购置日期	启用日期	使用部门	保管人

二、仪器设备的使用与维护

（一）仪器设备使用

实验室应构建一套完整、系统的仪器设备使用管理制度，明确仪器设备使用前后的检查、交接、清洁、安全使用等具体事宜和详细流程要求。对于一些价格昂贵、大型仪器设备以及主要的仪器设备等，应建立专门的使用记录表，并及时、如实的填写仪器设备使用的相关内容。通常，仪器设备使用记录应存放在该仪器设备附近，以便于及时查看和填写，每次填写后可扫描或录入电脑以电子档的形式保存，以防丢失或损毁。仪器设备使用记录示例见表3-3。

表3-3 实验室仪器设备使用记录表

设备名称		制造厂家		出厂编号	
规格型号		设备编号		启用日期	
使用日期	开机时间	关机时间	委托单编号或样品编号	检测项目	使用前情况	使用后情况	使用人	备注

为了规范仪器设备的使用，实验室应当制定科学、合理且严格的操作规程，经批准颁布后实施，并将其张贴于仪器设备附近，方便使用者阅读和查看。一般可依据设备说明书来编写操作规程。

（二）仪器设备维护

仪器设备的正常使用，既离不开行之有效的操作规程，也需要恰当、合理的维护和保养。实验室应制订合理的仪器设备维护计划，一般可以年、季度和月为单位，在年初、每季度开始前和月初制订好相应的维护计划，定期对相关仪器设备进行维护保养，以确保其处于良性运转和较高的效能状态。特别是那些价格高昂、大型的、主要的以及起着关键作用的仪器设备，更应及时、定期进行维护保养。通常，机械类仪器设备的维护主要侧重于保证其零部件的正常（如润滑良好、液压系统稳定等）；电子类仪器设备的维护以保证其清洁、干燥、性能良好为主（如除尘、定期通电等）；

对部分有特殊维护要求的仪器设备，其特定内容应涵盖在维护计划中。仪器设备维护计划示例见表3-4。

表3-4 仪器设备维护计划

序号	设备名称	设备编号	使用部门	维护日期				维护内容	备注
				第一次	第二次	第三次	第四次		

　　实验室明确好各仪器设备的维护计划后，应将其以文件形式下发至有关部门，并对其执行进行一定的指导和监督，确保维护计划的有效施行。在仪器设备的维护过程中，每一次维护的相关信息都应及时、如实的记录，并将之归集到仪器设备档案中，便于统一管理。维护记录内容应包含维护时间、维护内容、维护时发现的异常情况、处理措施、维护执行人等。

三、仪器设备停用和启用

　　实验室中仪器设备多种多样，并不是每一台仪器设备都保持着不停歇的运转，而这也就涉及到了仪器设备的停用和启用，为了保障实验室的安全和高效运转，实验室应对其进行严格规定。一般而言，无检测业务（指不使用的设备或使用次数少的），经检定/校准不合格，有损坏待修或待报废，超过检定或校准有效期，以及状态不佳的仪器设备，均应停用。但无论因何种原因确需停用的仪器设备，都应严格按照有关要求申报、审批。批准停用的仪器设备，应及时贴上红色"停用"标识，并张贴于醒目位置；机械、电子类的仪器设备即使被停用，也应按照计划如期展开维护（确定报废的除外）。对于停用后需再一次启用的仪器设备，也应遵守规定填写启用申报和审批。凡属计量器具应重新检定或校准合格后方可批准启用，在启用后应及时更换绿色"合格"标识；若仪器设备在检定/校准有效期内启用，应对其技术性能的稳定性实施期间核查，检查合格的才可启用，对于其中不合者应查明原因并妥善解决，再重新审查。仪器设备停用和启用记录示例见表3-5。

表3-5 仪器设备停用和启用审批表

设备名称		设备编号		规格型号	
存放地点				保管人	
停用记录					
申请停用原因					
申请停用时间	年 月 日—年 月 日				
停用时功能及状态检查情况记录					

设备名称		设备编号		规格型号	
停用申请部门		设备管理员签字		部门负责人 批准签字	
启用记录					
申请启用原因			启用日期	年 月 日	
申请日期		年 月 日			
停用时功能及状态 检查情况记录					
启用申请部门		设备管理员签字		部门负责人签字	

四、仪器设备的故障和报废

实验室中任何仪器设备一旦出现故障应迅速办理停用手续，并贴上红色停用标识，与此同时，设备管理人员应将该情况及时汇报给实验室负责人，并组织修理，也可与供货方沟通，敲定维护方案。仪器设备的故障和修理应做好记录，并将其归集到仪器设备档案中。对于修复好的仪器设备，应当重新检定/校准，或验证核查其性能是否恢复如初，然后进行启用申报，待审批通过后即可再次使用。此外，仪器设备管理者也应综合考虑各项故障情况，判断其是否影响到整体仪器设备的运行效果和质量，对于有一定影响的应做好记录。

仪器设备的报废手续和审批权限应在程序文件中阐明，并确保其符合本实验室以及相关上级管理组织的要求。

五、仪器设备的标识

仪器设备的检定/校准（验证）和确认状态应采用标识管理。对于实验室中的所有仪器设备均应用明显的标识来体现其实际状态。常用的标识有三类，即"合格""准用""停用"；各标识对应的颜色为"绿""黄""红"。标识的具体内容如下。

（1）合格证（绿色）

此标识主要指的是计量检定/校准合格者；经实验室自校合格者；经检查其功能正常者；无法检定，但经比对或验证适用者（如雷达测量系统等）。

（2）准用证（黄色）

该标识表明仪器设备存在部分缺陷，但在限定范围内可以使用（即受限使用的）。包括多功能检测设备，某些功能已丧失，但检测所用功能正常，且经校准合格者；测试设备某一量程准确度不合格，但检测工作所用量程合格者；降级使用者。

（3）停用证（红色）

此标识主要此类指代仪器设备是损坏者；经检定/校准不合格者；性能无法确定者；超过检定/校准周期者；停用者。

（4）仪器设备状态校准标识

实验室可根据需要设计如表3-6所示的校准状态标识，并在相应文件中说明其使用范围和方法。

表3-6 仪器设备校准状态标识

校准日期			建议下次校准日期	
校准实验室名称			证书编号	
a）封签（禁止使用者调整的部位应加贴封签）				
封签破损则校准无效				
校准实验室名称			校准日期	
b）确认标识（无须校准）				
确认合格标识				
确认人			确认日期	
c）暂停使用标识				
暂停使用				
◉暂停	◉待验收	◉故障待修		◉待报废
设备管理员		暂停日期		
d）降级使用标识				
降级使用				
原准确度为0.5级，目前为1.0级				
校准实验室名称			校准日期	

六、仪器设备档案

仪器设备的档案是指对设备从采购、验收、安装、调试、量值溯源、使用、维修、改造直至报废的全过程中形成的图纸、照片、文字说明、凭证和记录等文件资料；通过不断收集、整理、归档等工作，建立设备档案。

实验室仪器设备档案承载着实验室内所有的仪器数据以及相关的使用记录，实验室理应制定完善的档案管理制度，以明确档案管理职责，确保档案资料的准确性、完整性和有效性。为此，实验室应做到如下几点。

（1）制定仪器设备档案管理规定，明确仪器设备档案管理的具体责任部门和管理人员及重点管理的仪器设备。

（2）规定纳入仪器设备档案的各项资料及归档路径，包括归档时间，交接手续。

（3）资料入档时应在档案卷宗上记录归档的资料、内容和负责登记的人员。

（4）仪器设备档案的编号应该与仪器设备的编号一致，保证资料齐全、登记及时准确。

（5）档案应分门别类地管理，可为每一台仪器设备设立专门的档案，以便于统计、查阅。

（6）制定并实施仪器设备档案的借阅管理办法，档案应随着仪器设备流转，相关使用负责人应及时修改、补充档案信息和资料。

七、设备的出入库管理要求

为确保仪器设备的良好功能和状态，实验室应当设立严格的出入库管理制度。若确需将仪器设备带出实验室的，在领用和归还时，都应查验其状态和性能，并做好记录，以明确使用前后的责任、了解仪器设备的实际状态（在搬运以及使用过后，有可能使仪器设备产生一定变化）。在查验时，应着重检查其功能是否正常，配件是否齐全，检定 / 校准是否在有效期内，技术指标是否稳定（可采用期间核查的方式进行）等。若设备归还时存在问题，也应按规定办理停用和启用手续。此外，对于送往计量授权机构检定或校准的仪器设备，在其返还时同样需要检测，以保证其功能正常，并记录检查结果。

第四节　计算机自动化设备及软件管理

20 世纪中叶后，科学技术迅猛发展，随之也给各行各业的生产制造等带来了诸多变化，如自动化设备便在各类实验室中普遍兴起。自动化是指使用机器代替或部分代替人在生产过程中的劳动，降低操作人员的劳动强度，提高生产效率和产品质量。现今市面上有各种各样的自动化产品，但其作用机理和主要价值大致相同，因而人们将其统称为自动化设备。自动化设备是在无人干预的情况下，根据已经设定的指令或者程序，自动完成工作流程任务。

一、自动化设备的特点

自动化设备借助传感器获取到各类生产信息，然后通过控制装置与控制策略来执行相关指令或程序，其核心在于控制。相较于传统的设备，它有诸多鲜明特点，具体不同点见表 3-7 和表 3-8 所示内容。

表3-7 自动化设备与传统设备情况对比表

自动化设备	高度的自动化程序，无须人工操作	工作效率高，提高企业生产效率	整个工艺的生产流程稳定，产品一致性得到保证	适合大批量生产，降低了企业生产成本	维护维修，需要机、电、气、液、仪一体化技术的紧密配合
传统设备	机械化程序，需人工操作	工作效率低	工艺流程由单台设备控制，产品质量有差异	适合单件小批生产，产量低，成本高	维护维修时，机、电、气、液、仪专业分工明确

表3-8 自动化设备与传统设备管理思维对比表

自动化设备	全员参与管理，提升整体效率	引入系统工程概念，如现代化设备诊断理念及方法，多采用预知性维修	计算机自动化设备管理软件和管理制度相结合	管理及应用上，需现代设备管理理念和设备使用管理并举
传统设备	仅设备管理与维修人员参与	经验检查，多采用计划维修	经验管理和管理制度相结合	重使用，轻管理

二、自动化设备管理与维修模式

（一）自动化设备管理与维修的内容

自动化设备管理与维修主要包含了四项内容，分别是工程技术管理（基础）、财务经济管理（目的）、管理方法（手段）、维修管理及备件管理（控制程序）等，具体内容如下。

（1）工程技术管理实际上就是自动化设备的前期管理，对于自动化设备的引进和改造应始终坚持适用原则，唯有与自身情况相适用的设备才能创作出最佳效益，先进的设备虽好，但一方面投入过大；另一方面，有可能导致产能过剩，从而将资源浪费。

（2）行业的生存与发展均与效益有莫大关系，而自动化设备的投入与普遍运用也正是由各行各业追求效益最大化的目的所驱使，由此可见财物经济管理是自动化设备管理与维修中的重要内容，使其根本目的。

（3）管理方法是设备全寿命周期内全过程管理，追求的是用最小的费用产生最大的效益，确保寿命周期费用平衡。

（4）维修管理（含备件管理）是自动化设备管理的重中之重，没有有效的维修管理，其他管理工作的开展都将陷入困境。为确保维修管理的效果，应做到如下几点。第一，树立ABC分类库存管理理念，运用ABC分类库存控制法把控好自动化设备的投入与产出效益；第二，不断优化自动化设备的维修手段，引入当前较为先进的现代化检测方法，如轴承失效检测仪、振动分析仪、智能管理系统等；第三，合理运用维修方式，确保自动化设备的正常高效运转。

（二）自动化设备维修方式

过去的设备维修主要以事后维修和预防性维修相结合，往往在设备运行出现故障之后才会维修，而这种出现故障才修的维修方式和习惯，极易造成维修不足或维修过度等不良现象，严重时甚至会阻碍正常的生产、科研活动，由此可见以上两种维修方式并不适用于自动化设备。自动化设备是一种相对高昂的投入，技术也较复杂，还十分强调各个运行环节的协调配合，若其中某一个环节出现问题，往往能够"牵一发而动全身"，影响整个生产环节的正常运行甚至直接停工，给实验室或各行业企业造成重大损失。因此，在自动化设备维修体系中，应尽可能使用预知性维修和机会维修的方式。

1. 预知性维修

预知性维修（也称"预测性维修"）是以状态为依据的维修，在自动化设备运行过程中，通过传感器、监视测量仪器、智能管理系统等仪器设备，对其重要部位进行动态监测和故障诊断，并实时返回监测信息，再利用人工和计算机计算分析处理此类信息，明确故障程度，然后制定针对性的维修计划，确定设备应该维修的时间、内容、方式和必需的技术和物资支持。由此可见，这一维修方式的显著特点为及时、有效，克服了过去设备维修中维修不足和维修过度的弊端，能够保障设备的正常运行及其效率，降低或消除非计划停机时间。

2. 机会维修

对自动化设备采取机会维修，是在实际工作经验中总结出来的，在设备点检中发现的不影响设备使用安全、暂时不影响生产的故障，可以在保证有效监控的条件合理安排维修时间，如利用夜晚、节假日等其他闲暇时间维修设备。

3. 预知性维修与机会维修的结合

经过多年的发展，预知性维修和机会维修的运用日益成熟，两者间的交流和融合与愈加频繁深入，时常被共同运用于自动化设备的维修管理中，也相继涌现出一些有价值的技术和理念，如"预测—视情维修"。

上图中的P点是检测到故障信号的点，F点为功能故障点，而在这两点间的留有充分的时间间隔，为实验室、企业行业预留出了设备故障处理时间，在这段时间内相关人员可以制订出针对性维修计划，并明确好具体的维修事宜。这一方法的运用，有利于自动化设备的使用率的提升，也提高了企业生产效率。

三、自动化设备的维护

（一）设备维护的标准和内容

自动化设备的维护是为了确保其良性运转，在常规使用下尽可能延长其使用寿命和效率，以实现成本的最低化。基于这一点，设备维护的标准应围绕着设备的正常运行而构建，即设备在维护后能够最大化地恢复到原有工作状态，达到最佳的性能水平，以保证其正常运转。而设备维护内容的确立，应以自动化设备的结构特点为基础，结合自身生产发展的特点灵活设置、合理调整。主要内容有：定期检查设备的电源、气源、液压源、传动、控制；定期检查设备传感器，确保其位置不偏不倚；定期检查流量控制阀、压力控制阀和继电器等有无问题；定期对设备进行清理和保养，保持设备洁净、顺畅；做好预知性维修和机会维修工作。

（二）自动化设备工作条件的维护

自动化设备的正常、有效运转离不开良好的工作环境。而这主要是由其自身的性质特点决定的，如涉及诸多电子器件，敏感性强，易被外部工作环境干扰等。因而，在日常生活中也要注重自动化设备的工作条件，一般可从室内湿度、清洁度、温度等客观因素着手，为其营造一个合适的外部工作环境，确保其正常运转，保证其工作效率。

（三）建立信息化管理系统

自动化设备是现代科学技术的产物，几乎每一套设备中都杂糅着多种科学技术，其中最为明显的当属计算机技术，这便使其信息化特征愈加鲜明。鉴于这一点，管理人员可充分利用现代化信息技术的优势，构建出更为完善、高效的信息化管理系统。例如，通过信息化管理系统的数据处理、数据查询和成本核算等功能模块，完成自动化设备的数据库查询（包括设备查询、领用查询、消耗查询）模块分析设计与实施。查询每台设备零件信息时，设备所有的状态信息都可同时呈现，方便管理者了解、查阅。更为重要的是，能够随时掌握在线设备的实时温度点、流量点、压力点、电流点、主要零件运行时间等状态数据，构建信息处理、传递、执行、诊断和监测等一系列综合性信息处理系统，不断优化管理流程，提高管理效率，形成鲜明的现代化管理特色。

现今，系统的设备管理工程在自动化设备的管理中运用相当频繁，已成为人们公认的进行成本和效益控制的优质手段。这也给了相关设备管理和维修人员一个有益启示，即在全面考量设备运行成本和经济效益的基础上，尽力突破过去管理和维修上的弊端，充分发挥现代科学技术的优势特色，制定科学合理的管理措施和维修方式，不断提升设备管理的信息化、程序化水平，最大限度地降低设备的故障率和潜在隐患，延展其使用寿命和经济效益。

四、计算机硬件的维护

计算机硬件维护的目的是确保硬件的安全。在自动化设备系统的构建之初，将应当确定好机型，将相关制度（如硬件管理制度等）和配套设施（如电源、空调等）制备齐全。自动化设备系统在长久的运行中，总是不可避免地出现一些计算机硬件问题，而这就需要借助专业的硬件维护来处理。计算机是一种较为精密的机器，对机房的周围环境、布局等均有着严格要求。其中电源电压的稳定性以及空气的温度、湿度、清洁度，环境的防震、防磁、防干扰，机房的防水、防火、防盗等措施，都是影响自动化设备系统安全运行的重要因素。为此，国家专门制定了 CB/T 2887—2011《计算机场地通用规范》、GB/T 9361—2011《计算机场地安全要求》等国家标准，各单位可以根据自身的实际情况参照实施。

计算机硬件的维护主要包括对计算机硬件设备进行检测、查找硬件故障以及更换已损坏的部件、清洗机械部件、根据工作需要更新一些不适应需要的硬件设备等。查找故障原因是排除计算机硬件故障的关键所在，未找到故障点，排除工作也就无法开展，因此相关使用者必须对日常简单查找技术有一定的了解。而对于那些较为复杂的系统故障，则应当邀请专业的维护人员处理，使用者切不可盲目修理，以免加重故障，引发不良后果。常用的日常简单查找的故障方法有三种，分别是振动法、交换法和诊断程序法，具体内容如下。

1. 振动法

振动法是指通过机械振动查找可能产生故障的零部件。此法主要适用于时好时坏情况下的计算机故障查找。这类故障大多都是因接触不良或焊接不牢所引发的。振动法的实施分为开机检查和关机检查，开机检查是指先将计算机的电源关闭，然后拔下存有疑点的插件，逐次查看其接头是否松散，全部检查后再将其插稳，然后再开机确认其故障是否还存在。

2. 交换法

交换法是指用无故障的零部件替换持有怀疑的零部件，从而找到故障所在点。这一方法的操作手法很多，主要视具体的交换对象而定。若机房内有正常运行的同型号的计算机的相同零部件，可以交换，观察故障是否清除。若没有其他计算机，就需准备一些常用备件，以便出现故障后可及时替换检查。在一台机器中，有时候会有多个性能相似的零部件，如软盘驱动器、内存条等，若暂时没有合适的可替换的，可将其位置互换，进行交叉检查。又如发现硬盘读写有问题时，可换一个硬盘电源线和信号线再试，以缩小故障范围。

3. 诊断程序法

诊断程序是一种计算机软件，主要功能是检测计算机各零部件是否正常运转，有的不仅可以检测硬件故障，还可对其程序错误进行定位。当前，计算机已普遍具备自我诊断功能（程序），有需要时即可开启。

五、计算机软件的维护

在自动化设备系统中，计算机软件包括磁盘操作系统、汉字系统、设备软件等。

当前，磁盘操作系统和汉字系统都已相当成熟，出现任何故障时都可与售后部门联系，一般问题都可得到迅速、妥善地解决。而我国的设备软件还有很大的上升空间，在日益成熟中，因而在使用中仍会出现一系列问题。而这类问题的处理，正是自动化设备系统软件维护的主要工作。设备软件的维护任务主要包括：软件必须符合有关自动化设备等制度的规定，功能要完善，操作要方便，运行结果要正确，软件自身要有防止非法修改和复制的功能等。为了达到既定的设备维护目的，必须借助一定的维护措施，主要维护措施如下。

（一）矫正性维护

矫正性维护是指矫正在系统开发阶段已发生而系统测试阶段尚未发现的错误。在软件开发阶段，无论措施如何严密，均无法保证其百分百的准确率，换言之，错误是在所难免的。因而，设备在实际使用过程中，会不时出现各种各样的错误。诊断和修正系统中遗留的错误，就是矫正性维护。矫正性维护主要是在系统运行中发生异常或故障时进行的，此类错误往往是遇到了从未用过的输入数据组合或是在与其他部分接口处产生的，由此可见它主要是在某些特殊的情况下出现。但，一旦发现此类错误，应及时进行矫正性维护，以提高软件的可靠性。

（二）适应性维护

适应性维护的主要目的是提高软件的环境适应性，更好地满足用户需求。现今，计算机技术不断发展，硬件的更新换代速度愈加迅速，各类系统软件纷纷涌现，也正是因此，人们对于其性能和运行效率有了新的需求。此外，操作系统的使用寿命延长，应用对象的改变，机构的调整、管理体制的改变、数据与信息需求的变更等对软件的适应性均有一定要求。譬如，代码改变、数据格式以及输入／输出方式的变化等，都直接影响到了软件的功效和性能。由此可见，对软件适应性的调整是十分必要的。

（三）完善性维护

完善性维护是为扩充功能和改善性能而进行的修改，主要是指对已有的软件系统增加一些在系统分析和设计阶段中未做规定的功能与性能特征。这些功能有益于系统功能的完善。此外，还包括对处理效率和编写程序的改进。完善性维护是整个维护工作的重心，也是关系到系统开发质量的重要方面。

（四）预防性维护

预防性维护是一种主动性的维护工作，主要目的是改进应用软件的可靠性和可维护性，使之更好地适应未来的新变化和新需求，提升其竞争力。例如，将目前能应用的报表功能改成通用报表生成功能，以适应将来报表内容和格式可能的变化。

第四章 实验室安全风险管理

第一节 实验室安全风险管理基础知识

实验室是科研机构相关人员从事科研工作的主要场所，也是重大科研成果的诞生地。实验室安全是推进科研活动进步发展的重要基础。自改革开放以来，我国经济水平日益提升，国家对于高等教育和科技创新的关注程度不断上涨，促使高校实验室的管理水平与建设规模也发生了显著变化。据相关数据统计，目前我国 78 所教育部直属高校拥有 4000 余个实验室，其中约有 300 所被评为国家重点实验室，各实验室在实验教学、科研生产与创新上发挥着重要作用。实验室规模的扩大，实验活动的频繁，使得实验室安全事故的发生也相应增多，如火灾、爆炸、腐蚀、中毒等事故不仅损害了实验人员的生命健康，还污染、破坏了自然环境，威胁到了社会大众的生命财产安全，各种各样的实验室安全事故牵动着全国人民的心，实验室安全也成为了国家和社会各界高度专注的问题。由此可见，对实验室进行相关安全风险管理势在必行。

21 世纪以来，全球各大高校和科研机构安全事故频发，据美国官方数据显示，2005 年有将近 10 000 起事故发生在研究型实验室，造成 2% 的研究人员在事故中受伤。国内专业网站——仪器信息网，针对国内发生的实验室安全事故进行跟踪报道，开辟出"实验室安全事故为何如此频发"专题首页，用于讨论实验室安全管理问题。据该网站报道，国内高校实验室在 2009 年—2012 年间，共发生了 38 起安全事故。事故类型主要为爆炸、起火、化学品泄漏、生物感染等，其中发生频次最高、伤害程度最大的属爆炸起火事故（30 起）。2018 年 12 月，在印度班加罗尔，28 岁的研究员在科学研究所的高压氢气瓶爆炸中丧生；同年，宾夕法尼亚州埃克斯顿，Frontage 实验室的 26 岁工人因接触氰化钾而死亡，我国北京交通大学市政与环境工程实验室发生爆炸燃烧，事故造成 3 人死亡；2019 年 2 月，南京工业大学一实验室发生火灾……

实验室事故，轻则损失部分财产，影响实验室的正常运行，重则伤害研究人员以及周边百姓的生命健康，甚至损害环境、社会发展的长远利益，需要承担赔偿等法律责任。

因此，针对实验室安全事故的频发，同时为有效对实验室环境健康安全进行管理，国内外一些政府和非政府组织制定相应的法律法规和标准以及实验室安全管理的指导建议，力图从制度层面进行实验室安全管理，为后续实验室安全风险防控提供理论指导和设立第一道防线。

例如，美国职业安全与健康管理局颁布的《OSHA Laboratory Standard 29 CFR 1910.1450》是针对实验室人员健康安全管理的早期标准，其中对实验室中化学品暴露的职业健康安全作出明确的规定。美国消防协会颁布的《NFPA 45 Standard on Fire Protection for Laboratories Using Chemicals》标准，针对化学实验室的防火标准作出专门说明，其中详细介绍了化学实验室防火的行政管理，实验室风险类别，实验室的设计和结构，消防措施，爆炸风险防护，实验室通风系统和通风橱要求，化学品储存，使用和废物处理，可燃和易燃液体，压缩和液化空气，实验操作和设备以及危害识别。此外，美国政府颁布的《职业安全和健康法案》（29 USE 651）、《危险废物管理法》（40 CFR Parts 260～272）等有关实验室安全管理的法律法规，同样值得借鉴。

与此同时，我国政府及相关部门也不断在实验室安全管理上探索，陆续出台了一系列有关实验室建设与管理的制度和标准。如1992年，国家教育委员会令第20号中的《实验室工作规程》，规定"实验室要做好工作环境管理和劳动保护工作"、实验室要严格遵守国务院颁发的《化学危险品安全管理条例》及《中华人民共和国保守国家秘密法》等有关安全保密的法规和制度等；1995年教育部《高等学校基础课教学实验室评估办法》出台，共列举了39条内容旨在考核实验室的设施及环境措施，特殊技术安全、环境保护等；2005年，教育部、国家环保总局下发《关于加强高等学校实验室排污管理的通知》；2010年，教育部《高等学校消防安全管理规定》中指出，学校应当将师生员工的消防安全教育和培训纳入学校消防安全年度计划；2019年，教育部发布《关于高校实验室安全工作的意见》，从提高认识、强化落实、务求实效、持之以恒、组织保障、责任追究这六方面对高校实验室的安全管理提出了建议。此外，我国颁布的《职业病防治法》《消防法》以及《危险化学品安全管理条例》《易制毒化学品管理条例》等通用法规和条例，也为高校实验室的建设和安全管理提供了一系列指导和建议。

一、实验室安全风险管理现状

在国外实验室管理经验中，实验室安全管理工作已推进30余年。自1990年美国职业卫生安全与健康署颁布实验室标准开始，以安全意识、安全责任、安全组织机构以及安全教育为内容的安全文化逐渐兴起，广受政府、科研实验室和社会企业的支持和推崇。其中，实验安全管理的目标是引导所有实验室人员建立实验室安全管理意识，认识到实验室的安全人人有责，只有人人都承担责任且相互合作，才能够确保实验室的安全；同时，还应认识到实验室安全的保证不仅在于实验器物的规范操作，该应重视对实验人员的操作规范和有效管理。

作为实验室管理中的主体，对实验人员的实验室教育是其中至关重要的环节，其主要目的是使每个级别的实验人员都具备基本和标准的实验态度和实验操作行为习惯；实验时谨慎操作，确保实验安全。也唯有如此，才能逐步将实验室安全演变为一种文化，对所有实验者产生持久影响。

实验室安全管理也需依靠专门的组织机构实现，负责安全工作的协调管理，制定合理的安全计划，明确每一位实验人员的工作职责并督促其执行。随着社会经济的发展，科研技术的进步，实验室相关法规条例的健全，实验室管理体系也逐步完善，实验室的安全管理也不断在改进优化。

（一）美国高校实验室安全管理现状

美国高校的实验室安全管理并未"自立门户"，而是与其他技术性的安全问题一样统一由安全管理部门管理。

以某美国大学为例，该学院为自身的安全管理体系构建了一个名为"环境、健康和安全（environment，health and safety，EHS）"的管理系统，这一系统包括三个部分，分别是环境健康安全总部、办公室和委员会，各部门在安全管理中的地位及主要职责见表4-1。

表4-1 "环境、健康和安全"管理系统中各部门的地位和职责

序号	部门	在安全管理中的地位	主要职责
1	EHS安全总部	组织实施机构	1. 制定EHS领导层架构 2. 参与环保政策制定 3. 出台可持续方案 4. 监督协调EHS办公室的工作 5. 为实验室、相关部门和研究中心提供专业技术咨询、支持和指导
2	EHS办公室	管理实施和操作机构	1. 培训服务 2. 实验室和设备布局 3. 废弃物管理服务
3	EHS委员会	监督实施机构	1. 监督EHS系统的实施情况 2. 从事EHS技术相关的创新性和学术性研究
4.	其他人员（如实验室使用人员、研究人员、导师等）	安全措施的贯彻落实者	严格遵照安全管理系统的有关规定进行科研活动，认真贯彻落实各项安全措施

美国高校对于不同专业方向的实验室安全管理的管理侧重点各有不同。研究型

大学实验室安全管理主要包括一般性安全、化学安全、生物安全、辐射安全、废弃物处理规程以及其他一些技术层面的安全问题，诸如室内通风设备的管理、实验耗材的贮藏安全等。

美国高校在实验室的安全管理上还有一个值得其他实验室学习、借鉴的优点，即重视对实验者的安全教育，着力培养实验人员防微杜渐的安全防范意识。通过严格的安全培训制度、全面的安全培训内容、多样化的安全教育形式，建立起规范的实验室安全准入制度。

（二）日本高校实验室安全管理现状

日本高校十分注重环保安全，全校师生以及相关实验室的从业人员均具有较高的安全环保意识，究其原因不难发现这与其有一套科学、规范的实验室健康安全环境管理体系有着莫大关系。

日本各大高校的安全环保机构独具风格，都是各校依据自身的发展现状所量身定制的。譬如，早稻田大学组建的校园环境宣传委员会、大学环境及安全处及负责具体工作实施的环境安全课；东京大学组建的环境安全本部、保健健康推进本部和实验委员会；京都大学组建的环境安全保健机构。

在实验室安全管理中，日本高校依靠严格的准入制度有效地解决了人员流动率高的问题。通过开设全面专业的实验室培训课程，以及编制实验室安全指导手册，促使所有实验者逐步形成了"安全第一，预防为主"的理念。此外，与时俱进、不断更新也是日本高校实验室安全管理的一大特色，各实验室管理机构每年均会组织培训课程和手册的更新工作，以确保实验活动的良性运转。

日本国土面积有限，在实验室的建设上不得不"精打细算"并对其作出科学的规划设计，以完美解决空间上的缺陷与不足。也正是因为这一原因，使得日本各大高校实验室呈现出"麻雀虽小，五脏俱全"的鲜明特色。各实验室在建设之初，就对实验空间作出了深度考量，做到了设计到位，线路布局合理规整，遵循装置均从上向下布设，充分利用空间的原则，实现便于检修，减少安全隐患，方便实验室各种仪器设备的灵活摆放的目的。

日本政府也高度重视高校实验室的安全问题，并为其制定了一系列法律法规，让高校实验室安全管理真正实现了有法可依，有据可循。各类实验室都应从自身实际出发，围绕着相关法律法规，制定出一套严格、完善且行之有效的安全管理规定。此外，日本高校会根据实验室的实际运行情况，科学、灵活的调整维护与更新措施，定期或不定期地对实验室线路、配置、设备等进行有计划、分批次的检修、维护与换新。

（三）香港特区高校实验室安全管理现状

香港特区高校实验室安全管理的显著特点为架构明确、权责分明。高校管理安全的责任十分明确，各项具体的安全管理任务均落实到了每一位管理人员的工作职责上，并且是评估其工作质量、考核其绩效的主要依据之一。

在安全风险控制方面，科研实验室若涉及各项危害，如物理危害、化学危害或生物危害等的操作，高校应当依据自身的实际情况作出相应地风险评估并制定行之有效的控制方案。这一项任务的实现，主要依靠学校的职业卫生工程师、健康物理工程师、安全工程师等经过专业培训且获得规定资格证的人员直接参与，为师生提供专业的服务和建议。

香港特区高校在实验安全管理上同样坚持"预防为主"的管理思想。学校十分重视对危险性实验的管理，为此制定了系统的安全防护措施，但凡涉及到有毒害物质和危险流程的实验，相关实验者必须先全面了解整套措施，熟悉基本安全知识和安全操作细节。例如，校级和部门级别安全手册中，详细规范相关的安全要求和工作步骤。安全管理人员必须把控好实验室的"进入关口"，组织实验室工作者和实验人员的安全考核，达标者才可获得进入实验室的通行证。安全人员定期到实验室为师生讲解各类安全装置及其使用方法。学校应安排好安全宣传与安全培训工作，规定每学期、每个专业的安全学习事宜，并积极开展各类安全教育活动，满足各级师生和研究者的实验需求。

为确保所有实验室危险评估的可靠性，所有人员均需按照安全操作手册操作，学校健康安全及环境处和部门内部会定期组织安全检查。所有检查结果和改进项目都编录成表，记录在案，并发送给实验室主管，以便跟踪改进成果。此外，学校高级领导层也要定期或不定期参与安全检查，并随时抽查实验室的安全情况，与学校健康安全、环境处和实验室等部门负责人一同总结检查结果，对其中管理不善或存在安全漏洞之处应集体商议后再优化改进。所有检查数据和记录都应保存完备并归档，以月报、学期报和年报的形式报送相关部门，以方便各部门参考和改进。对于实验涉及或可能涉及的危险物品或危险操作流程的学生和老师，健康安全及环境处应提醒和督促该类人员定期做污染物监测和体检，检测内容和形式应当严格参照国家标准设定，以确保所有人员在安全的环境中工作，并关注所有人员在工作中的身体健康。

（四）国内高校实验室安全管理现状

安全是教育事业不断发展、学生成长成才的基本保障。近年来，教育系统树立安全发展理念，弘扬生命至上、安全第一的思想，高校实验室安全工作取得了积极成效，安全形势总体保持稳定。但，高校实验室安全事故仍不绝于耳，这也暴露出实验室安全管理仍存在薄弱环节，突出表现在以下几方面。

1. 安全教育宣传培训的力度不足

安全知识的匮乏势必会造成安全意识的淡泊。脑海中没有丰富安全知识的实验人员，一方面容易在实验活动中粗心、大意，因违反实验安全操作流程而引发危险时却不自知；另一方面，即使在实验过程中他们已经意识到了危险因不知道如何防护、挽救，只能放任安全隐患的发展，从而酿成严重的安全事故。虽然大部分高校在教学中开展了安全培训活动，但力度明显不足，如拥有完善系统的实验室人员安全培训机制的院校少之又少；也鲜少有学校为涉及到各类危险源的专业开设专门的安全教育课程。

2. 基础安全建设经费投入不足

（1）实验室安全保障工作的队伍数量与质量跟不上高校扩张速度，优秀的安全工作者的聘用、调用和继续教育都需要花费大量的经费，但国内高校对于安全人员的重视度和投入度明显过低，不少实验室都缺乏强有力的安全防护团队，这也一定程度上加大了安全事故发生的概率。

（2）学校资金不太宽裕，因而较为注重对有形资产的投入，如实验仪器设备、实验材料试剂、实验室装修等；而对于实验安全方面上见效较久且不明显的投入较为谨慎，如实验室安全信息管理系统、监控预警系统等。久而久之，实验室安全隐患愈加明显，安全管理也愈加滞后。

3. 安全管理制度不健全

实验室的安全管理是一项长期且复杂的系统工程，不仅需要配备充足的专业安全管理人员，更需要构建科学合理且完善的安全管理制度来保障，但就目前我国高校实验室的发展现状来看，安全管理制度明显不够健全，一些实验室存在着明显的安全漏洞，如化学原料存放不规范、实验环境不达标、实验产生废弃物排放不合理、未设置预警机制和应急救援措施等，这些对实验室人员生命健康和环境安全造成了威胁。根据 2019 年我国《教育部关于加强高校实验室安全工作的意见》中的观点可知，我国高校实验室应力求务实，不断完善安全管理制度，应建立安全定期检查制度、安全风险评估制度、危险源全周期管理制度、建立实验室安全应急制度，各大高校实验室都应以清楚、明确、严格、完善的管理制度来保障实验活动的安全进行。

4. 实验室安全责任落实不到位

实验室的安全人人有责，学校领导、实验室工作人员以及相关实验操作的教师和学生等，都应当对实验室的安全负责，做到"谁使用、谁负责，谁主管、谁负责"的原则。实验活动过程中所涉及的所有人员，都应当保持高度的安全意识，努力践行自身的安全管理职责，不玩忽职守，不马虎大意，也唯有将安全责任落实到个人，落实到日常工作以及教育的评估与考核中，实验室的安全事故才能逐步降低甚至消除。

二、实验室安全风险管理体系介绍

实验室安全事件由开始的引发点至最终的爆发，若要对其实施有效的实验室安全风险管理，在发展演变中一般需经历三层防护层。根据"Swiss Cheese"模型结构，各防护层主要内容如图 4-1 所示。

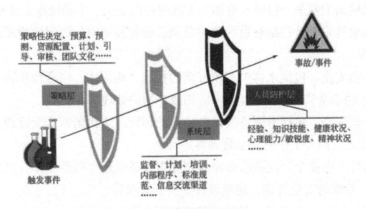

图 4-1 安全保护模型

（一）实验室安全管理组织结构

实验室安全管理的总负责人可由科研单位分管实验室工作的领导兼任，组织成立实验室安全管理委员会。委员会主要负责制定实验室安全管理的方针和政策，在此委员会之下还可设立多个下属机构，分管详细的安全管理事宜。此外，还应设置安全管理办公室，负责安全管理工作的实施、监督与评估。科研单位各实验室按照行政组织形式，纳入到实验室安全管理委员会中，相关实验室负责人兼任委员会内相应职务。

（二）实验室安全规章制度制定

安全管理条例和规章制度基本覆盖各安全领域，组成实验室安全管理体系的基本制度框架。

1.实验室安全管理规章制度总则

以实验室安全管理委员会名义，参照国家规定和科研单位管理规章制度，制定实验室安全管理规章制度，为各实验室的具体规章制度制定提供指导建议和参考。

2.安全规章制度

在实验室安全管理规章制度总则的框架下，先后出台具体的相关安全规章和条例，基本涵盖各实验室安全领域：

（1）防火安全。包括火警的呼叫、火警系统的例行检查及维护、消防演习的规定、火灾安全评估等。

（2）设备安全。包括工作设备的使用和防护条例、人身安全防护设备管理规定、仪器及设备的无人值班操作规程、教学设备安全要求、应急灯系统的例行检查及维护、电气设备的使用安全等。

（3）化学品安全。包括危险物运输要求、罐装气体安全、涉及化学品实验室的安全管理条例、通风橱的管理规定、液氮的安全管理、易燃液体的储存、威胁健康危险物的控制、易制毒化学品的管制、气体安全、危险废弃物的处理等。

（4）机械加工安全。包括木质加工工具的使用安全、手动操作安全规程等。

（5）放射性安全。包括放射性防护条例、密封及非密封放射性物质的管理、放射安全防护等。

（6）生物安全。包括水体中军团杆菌的控制、病原体、剧毒物和转基因材料的安全控制、生物安全管理规定、生物/医药废弃物的处理等。

（7）常规安全。包括滑倒、失足及坠落的预防，工作场所安全管理条例，工作噪声的管理规定，野外工作的安全管理等。

（8）特殊工种安全。包括起重操作及起重设备管理、高空工作管理规定、乙炔的安全管理、石棉的安全管理、建筑设计及安全管理等。

（9）意外的防护。包括紧急救护的管理规定、眼睛的防护、意外事故的汇报程序、火灾及水灾意外防护计划等。

（三）实验室安全工作实施的保证

为确保上述安全规章制度的顺利施行和较好的执行效力，各高校在实验室的安全管理上应尽力做到如下几点。

1. 将安全责任落实到个人

学校党政主要负责人是第一责任人；分管实验室工作的校领导是重要领导责任人，协助第一责任人负责实验室安全工作；其他校领导在分管工作范围内对实验室安全工作负有支持、监督和指导职责。学校二级单位党政负责人是本单位实验室安全工作主要领导责任人。各实验室责任人是本实验室安全工作的直接责任人。各高校应当有实验室安全管理机构和专职管理人员负责实验室日常安全管理，并对师生的实验活动提供科学化的指导和建议。

除了上述学校领导层和专门从事实验室安全管理工作的人员需辅助相应的实验室安全职责外，各类实验的指导教师和其他相关人员也应当承担起各自的安全责任，保证实验环境和实验人员的安全，特别是对于学生，应引导他们树立安全意识，监督他们在实验过程中的操作规范，并定期组织安全培训活动。对于以上人员在安全管理中的责任，应明确写入个人的岗位职责中，并对其执行效果进行考评，一旦失职必须追究惩处。

2. 实验室安全风险评估

风险评估是检查在实验过程中是否存在可能对人身造成伤害的可能性。确认之后，评估者需要对风险做出评价，然后决定应采用何种方法规避伤害。具体的安全风险评估工作，则是由实验室主管领导委派各学生导师、管理者及不同专业领域的专家对环境安全或行为安全作出风险评估。这也是实验室安全工作实施的重要保证，专家学者在安全管理上的专业性评估能够有效弥补学校在实验室管理上的缺陷和不足，大大降低实验室安全风险。特别是对于火灾这类实验室频发事故的安全评估，借助相应的评估表格为学校火灾事故的防控提供了全面、详细的指导。

3. 实验室安全检查

实验室安全检查是实验室安全工作的重要组成。安全检查主要包括检查实验室安全工作是否符合相关管理规定，排查实验程序、实验环境中的安全隐患（一旦发现安全隐患应及时妥善地处理或整改）等。学校可组建专门的实验室安全检查组，负责定期检查和不定期抽查。

4. 实验室常规及特殊安全培训

实验室安全工作的顺利实施不仅需要组织和制度的保障，同样需要各类安全培训的辅助，借助丰富的安全培训活动，可将安全防护知识和安全意识深入人心，让受训者逐步养成良好的安全习惯，这也是安全防护在先的重要体现之一。安全培训的内容和形式，可依据各专业情况和师生的科研需求而定，但要做到"全员、全面、全程"的要求，从不同方面、不同角度满足不同人员的安全实验需求，不断提升实验室的安全系数和师生的安全实验技能，为实验室安全工作的实施奠定基础，提供保障。

三、实验室安全风险管理评估

（一）实验室安全风险评估的必要性

引发实验室安全事故的客观因素和主观因素，均是实验室的安全隐患。实验室涉及到各类原材料、电子设备等的存放和使用，不时开展着纷繁复杂的实验，各类实验人员穿梭其中，无疑会存在一定的安全隐患，而隐患虽小，其爆发的危害性同样不可小觑，有时甚至能够酿成重大事故。但就目前来看，一些化学实验室明显低估了安全隐患的危害性，认为实验室规模小、试剂用量不大，所以事故的破坏性不会太大，也正是由于此类麻痹大意想法的存在诱发了诸多实验室安全事故。根据相关数据调查分析，发现诱发化学实验室发生安全事故的风险，大致来源如下。

（1）化学实验室自身属性风险

化学属于研究性学科，在教学过程中需要通过大量的实验来验证理论、探索新知，而此过程中涉及到诸多危险化学物品、危险操作流程和不熟悉的领域，因而其中存在许多不可控的因素，只能在客观上对实验操作的安全进行预判和控制。这便在一定程度上增大了实验室的安全风险。

化学实验五花八门，因而在实验中极有可能生成一些新物质，但其性质（包括危害性）需要经过反复实验来验证；某些实验过程中会造成瞬间释放巨大能量、有毒有害物质的喷溅、物质燃烧等事件，不确定性大，其风险也难以预知。

（2）基本安全保障设施的缺陷

近年来，一些老旧化学实验室的基本安全保障设施缺陷愈加明显，如消防设施不完善、通风系统通风性不佳、缺乏灵敏的室内空气检测和报警系统，等等，存在较大的安全风险，需加大投入，尽快改善、优化。一些新建的实验大楼，虽然在基本安全保障设施上做出了诸多改进，但因缺乏化学实验室设计规范和标准、投入资金不足、建设部门不够重视等，导致落成后的新实验室仍存在一定的安全隐患，需要及时发现、补救，降低风险。

（3）实验人员主观安全意识懈怠

实验室安全事故的发生存在一定的概率，并非所有的安全隐患都会引发灾难事故，加之有一些实验人员并未意识到自身在安全管理中的责任，因而形成了麻痹大意的懈怠心理，轻视了实验室安全。

以上（1）~（3）是诱发实验室安全风险的主因，对其进行科学合理的评估，可以有效规避和减少安全事故的发生，这也是实验室科研活动中非常重要和必要的环节。

（二）实验室安全风险评估的内容

实验室安全风险评估的主要工作如下。

（1）鉴定所使用或制造的物质的危害。

（2）评估有关危害造成实际伤害的可能性及严重程度。

（3）决定采用什么控制措施，以求最大限度地将风险降低，譬如，减少物质的用量，使用浓度较低的溶剂，选择危险性不大的化学品或低压电流做实验，穿戴好安全防护装备等。

（4）确定如何处置在实验后所产生的危险残余物。

四、实验室安全基本制度

在各种实验活动中，涉及各类化学药品和仪器设备，以及水、电、煤气的使用，其中不乏一些非常规的实验，需要在高温、高压、高电压或带有辐射性的环境下完成，若实验者缺乏必要的安全防护知识，不仅会将自身置于危险境地，也会给实验室及其他人员的安全带来巨大威胁。由此可见，实验室必须建立健全以实验室主要负责人为主的各级安全责任人的安全责任制和相关安全规章制度，用于加强实验室安全管理。

（一）主要制度规定

1.个人防护规定

（1）实验人员进入实验室，必须按规定穿戴必要的工作防护服，用于防护化学品喷溅或滴漏等危害。

（2）实验过程中使用挥发性有机溶剂、特定化学物质或其他环保署列管毒性化学物质等化学药品时，必须要穿戴防护用具，包括防护口罩、防护手套、防护眼镜，此类装备在实验开始前就应佩戴好，待实验完全结束后再摘取。

（3）实验中，不得戴隐形眼镜，以防止其与化学品发生反应而损害眼睛。

（4）在实验室中，所有实验者都应穿覆盖全脚面的鞋子，尽量穿长衣长裤，减少身体裸露在外的面积；对于蓬松或过长的头发以及松散的衣物等都应提前固定，以免触碰实验仪器或危险物品引发意外事故。

（5）操作高温实验时，必须戴防高温手套。

2.饮食规定

（1）在实验室及其周边区域不应进食，使用化学药品或结束实验后，需将双手完全冲洗干净后再接触食物。

（2）食物和饮用水均不可存放于储藏着化学药品的冰箱或储藏柜内。

3.药品领用、存储及操作相关规定

（1）操作危险性化学药品务必遵守操作守则或遵照老师规定的操作流程进行实验；切勿擅自更换实验流程（危险性化学品种类见危险性化学品名录）。

（2）领取药品时，应确认物品是否与需要相符。

（3）取到药品后，确认药品危害标示和图样，掌握该药品的危害性。

（4）使用挥发性有机溶剂、强酸强碱性、高腐蚀性、有毒性药品以及易产生有毒害性物质的实验操作，必须在通风橱内进行，注意通风设备的正确使用，勿将有害气体泄漏至实验室内。

（5）有机溶剂，固体化学药品，酸、碱化合物均需分开存放，挥发性化学药品必须放置于具抽气装置的药品柜中。

（6）高挥发性或易于氧化的化学药品必须存放于冰箱或冰柜中。

（7）在进行具有潜在危险实验操作时，应确保实验室中至少有两人，否则不可开展实验。

（8）在进行无人监督实验时，需充分考虑实验装置对于防火、防爆、防水灾的要求和潜在危害，保证实验室内灯光常亮，并在显眼位置注明实验人员的身份信息和出现紧急情况时的联系人信息。

（9）各类危险性系数较高实验的开展，必须通过实验室负责人的审核批准后才可进行，且实验操作过程中的在场人数不可少于3人，此外，周末、节假日和夜间严禁开展该类实验。

（10）开展放射性、激光等对人体危害较为严重的实验，应制定严格安全措施，做好个人防护。

（11）严格按照规定回收处理实验室废弃物（具体参见第七章内容）。

4.用电安全相关规定

（1）实验室内电气设备的安装和使用管理，必须符合安全用电管理规定，大功率实验设备用电必须使用专线，严禁与照明线共用，谨防因超负荷用电着火。

（2）实验室用电容量的确定要兼顾事业发展的增容需要，留有一定余量。严禁实验室内私自乱拉乱接电线。

（3）实验室内的用电线路和配电盘、板、箱、柜等装置及线路系统中的各种开关、插座、插头等均应经常保持完好可用状态，熔断装置所用的熔丝必须与线路允许的容量相匹配，严禁用其他导线替代。室内照明器具都要经常保持稳固可用状态。

（4）针对存放散布易燃、易爆气体或粉末的实验室，室内的电器线路和用电装置均应按相关规定使用防爆材质或具有防爆功能的。

（5）实验室内可能产生静电的部位、装置等，应在其安全且醒目的位置设置警示标志，并采取有效的防护隔离措施，以降低或规避危害。

（6）实验室内所用的高压、高频设备必须定期检修，并制定有效的防护措施。特别是自身要求安全接地的设备；应定期检查其线路，测量接地电阻。自行设计或对已有电气装置进行自动控制的设备，在使用前必须经实验室与专业人员组织进行验收合格后方可使用，其中的电气线路部分，也应在专业人员查验无误后再投入使用。

（7）实验室内不得使用明火取暖，严禁抽烟。若实验中确需使用明火设备，应提前向实验室管理人员申请报备，获得批准后才可投入使用。

（8）切勿在双手沾水或潮湿时接触电器用品或电器设备；严禁使用水槽旁的电器插座（防止漏电或感电）。

（9）实验室内的专业人员必须掌握本室的仪器、设备的性能和操作方法，严格按操作规程操作。

（10）机械设备应装设防护设备或其他防护罩。

（11）实验室的电器插座宜"专座专用"，避免因连接多种电器导致负荷过载，从而引发火灾。

5. 压力容器安全规定

压力容器的相关安全规定，参阅第五章内容。

6. 环境卫生

（1）实验室是科研教学的重要场所，必须保持干净、整洁、安静。

（2）实验室内应定期清理材料和器材，做好防尘、除尘工作。

（3）实验室内严禁带入与实验无关的物品，禁止随地吐痰、乱丢、乱倒。

（4）实验室内及周边应定期打扫、消毒，尤其是工作台面、地面、垃圾桶等容易滋生细菌或堆积废弃物的地方需认真清理、严格消毒。

（5）实验室垃圾的处理不仅要符合卫生要求，也要严格遵守相关规定，不可随意倾倒、不可与生活垃圾混合，尤其是有毒害性的垃圾未处理或处理不完全时绝不可随意倾倒。

（6）实验室内以及周边的通道不可堆放物品或垃圾，应保证通畅。

（7）实验过程中不慎将油类、易燃物质、腐蚀品等物品倾倒在桌面或地板时，应及时妥善处理，必要时可用大量水冲洗干净。

（8）实验室用水应严格区分饮用水、清洁水、工业消防用水（分别放于相应处所），并要保持管道畅通。

（9）实验室保持空气对流畅通，可定期检测室内外空气状况，确保实验室环境安全舒适。

（二）安全防护规定

1.防火

（1）防止煤气管、煤气灯漏气，使用煤气后一定要确保把阀门完全关闭。

（2）乙醚、丙酮、苯等有机溶剂易燃，实验室存放量不宜过多，使用时或使用结束后，严禁倒入下水道，以免集聚引起火灾。

（3）金属钠、铝粉、白磷以及金属氢化物等要注意使用和存放，使用结束后严格按照相关处理规定进行后续处理，不可直接当作实验废弃物处理，尤其不可与水直接接触。

（4）分析实验室可能着火点，牢记实验室着火类型，一旦发生火灾应选择合适、有效地灭火器灭火，具体参见第五章表5-5中相关内容。

2.防爆（化学药品的爆炸分为支链爆炸和热爆炸）

（1）氢气、乙炔、乙醇、丙酮、一氧化碳和氨气等可燃性气体与空气混合至爆炸极限，在有热源引发情况下，极易发生支链爆炸，因此该类气体应当隔离存储；实验活动中涉及到此类气体时，应在通风橱内操作（保证良好的通风性），且做好防护措施，确保实验装置的气密性。对于支链爆炸的预防，主要是防止可燃性气体或蒸气散失在室内空气中，保证室内的通风性。当大量使用可燃性气体时，一定要远离明火、热源以及易产生火花的设备。

（2）过氧化物、叠氮铅、三硝基甲苯等易爆物质，受震或受热后均可能引发热爆炸，因此在移动和使用时一定要小心谨慎（轻拿轻放、放牢靠），并时刻关注其变化情况。为预防热爆炸，强氧化剂和强还原剂必须分开存放，使用时轻拿轻放，远离热源。

3.防灼伤

除高温外，一些化学物质也具有灼伤性，可对皮肤造成严重损伤，如液氮、强碱、溴、钠、苯酚等；因而在涉及到使用或产生此类物质的实验时，必须做好个人防护措施，避免伤害。

4.防辐射和放射性损害

有的实验活动，会涉及到一些具有辐射和放射性危害的物品和设备的使用，实验人员长时间暴露其中，身体会发生一系列的消极变化，如记忆力减弱、掉发、体质变差、身体畸形、癌变等，有的危害甚至可以潜伏数年并导致基因突变、染色体异常，影响到下一代的生命健康。因此，在进行此类实验操作时，相关人员必须做好严格的防护措施，避免身体所有部位与之接触，并定期检查身体状况，以降低自身和对他人的伤害。

（三）实验三废处理规定

1. 废气

（1）对于产生少量有毒害性气体的实验，在通风性良好的通风橱内操作，利用通风口排入大气即可。

（2）对于产生大量有毒害性气体的实验，必须具备专门的吸收或处理装置。

2. 废物

实验产生的少量有毒的废渣应埋于地下固定地点，大量废渣应根据相应的处理方法处理。

实验结束后产生的实验垃圾，应与生活垃圾严格区分，根据相关处理规定和方法予以合理安全处理。

3. 废液

对于剧毒废液，必须严格按照规定处理，待毒性充分消除或无害后再合理排放；对于废弃的酸、碱、盐水溶液用后均倒入酸、碱、盐污水桶、经中和后排入下水道；有机溶剂回收于有机污桶内，采用蒸馏、精馏等分离办法回收；重金属离子用沉淀法等集中处理；实验室内大量使用冷凝用水，无污染可直接排放；洗刷用水，污染不大，可排入下水道。（实验废弃物的处理的具体方法，参见本书第七章内容）

第二节　实验室应急管理

一、实验室应急预案储备

实验室应急预案又称应急计划，是针对实验室中可能发生的重大事故或灾害，为保证迅速、有序、有效地开展应急与救援行动、降低事故损失而预先制定的有关计划和方案。就目前国内实验室安全应急管理的发展现状来看，其不足之处突出表现在以下方面。

1. 实验室管理规定与应急预案混淆

实验室管理规定和应急预案是两个不同的概念范畴，不可混为一谈，前者主要是针对实验室日常运行的管理，而后者主要是针对突发紧急事故的处理。但现实生活中很多实验室并未充分意识到两者间的不同，缺乏应急预案处理措施和经验，因而在实验室发生安全事故时，无法采取有效措施及时阻止事故的扩展，从而造成巨大的人员和财产损害。

2. 应急预案的建设不全面，缺乏演练

有的实验室制度建设完备，建立了相应的应急预案，但多数应急预案较为片面、单一，有的甚至仅有几个救援电话。有些应急救援预案虽已进行了宣传和培训工作，但主要的演练项目局限于火灾事故的演练，对于一些较为复杂的安全事故，如伴随着爆炸、有毒害物质的挥发、腐蚀性液体的倾倒等事故，均未展开有效的演练。

3. 实验相关部门间缺乏有效交流

从目前情况而言，多数高校并未就实验相关事宜，构建起多向沟通的平台和机制，学校领导部门、实验室和其他部门间的信息交流并不畅通，使得各部门对实验室安全隐患或潜在危险的掌握十分有限。

4. 缺少应急管理宣传力度

当前，各大实验室的安全培训力度和效力仍然不足，主要局限在安全教育或对常规频发安全事故的警示，鲜少涉及对安全事故的防治教育和有效的应急演练，从而导致实验人员的防治安全事故知识匮乏以及救援能力低下。因此，在安全事故发生时，往往因经验不足、知识匮乏、技能低下、心态不好等延误挽救时机，酿成重大实验室安全事故。

针对以上问题，在构建实验室安全事故应急管理体系时，可从以下方面着手。

1. 配齐安全事故预警系统

实验室安全事故预警系统的主要工作内容是做好实验室危险源辨识和风险评估，确定安全事故潜在危险源的种类和危险等级，明确标示危险源的空间和地域分布，依据相关安全法规和技术标准强化对危险源的严格管理，采取针对性的预防措施，防止安全事故的发生及事故发生后危害范围扩大。明确实验室、相关科研人员的安全职责，建立从实验室责任人到具体实验操作人员的全方位安全责任制，认真落实实验室安全管理制度，加强应急反应机制的长效管理，在实践中不断修订和完善实验室安全应急预案。

定期开展对相关危险源的检查工作，并在危险要害部位安装摄像头或检测装置，实现对重大危险源进行实时监测。做好应对实验室突发安全事件的人力、物力和财力的储备工作，确保实验室安全事故应急所需设施、设备的完好、有效。在危险要害部位，设置明显的安全警示标志。对潜在的事故隐患，依照应急管理预案规定的信息报告程序和时限及时上报，对可能引发实验室安全事故的重要信息及时进行分析、判断和决策，并及时发布预警信息，做到早发现、早报告、早处置。在确认可能引发某类事故的预警信息后，应根据已制定的应急预案及时部署，迅速通知或组织有关部门采取行动，防止事故发生或事态的进一步扩大。

2. 设立应急响应系统

实验室事故类型多，危险源也多。根据危险源种类及分布情况，将实验室安全事故归纳成危险化学品事故、实验室火灾事故、实验室辐射（放射）事故、实验室生物安全事故、机械和强电相关事故等。为提高实验室安全事故应急处置效率和能力，当确认安全事故即将或已经发生后，实验室直接管理人员应根据事故的等级和类别作出合适的应急响应。主要流程如图4-2所示，各应急救援组的主要工作职责见表4-2。

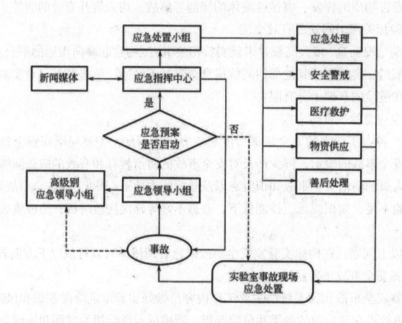

图4-2 实验室安全事故应急处理流程

第一，当确认实验室安全事故即将或已经发生后，实验室直接管理人员根据事故等级和事故的类别立即作出响应，立即启动应急预案，成立现场指挥小组。

第二，各应急处置工作小组应立即调动有关人员赶赴现场，在现场指挥小组的统一指挥下，开展工作。

第三，如事故和险情未能得到有效控制，现场指挥小组应立即提高响应级别，并及时向上级主管部门报告。

第四，根据事故和险情的变化与发展，及时向上级主管部门报告情况，适时通过媒体发布有关信息，正确引导舆论。

第五，参加重大事故应急处置的工作人员，应按照预案的规定，采取相应的保护措施，并在专业人员的指导下进行工作。当事故险情得到有效控制，危害被基本消除，受困人员全部脱离险境、受伤人员得到基本救治，次生危害被排除，由指挥中心宣布应急救援结束；重特大事故，应取得上级主管部门同意后，方可宣布应急救援结束。

表4-2 应急救援工作组组成及主要职责

应急救援工作组	主要职责
应急领导组	事故现场的总指挥，调配救援力量和资源，确定救援方案，判断应急响应级别，核实应急终止条件，总结救援过程及结果
施救处置组	紧急状态下的现场抢险、现场危险源的控制和处理、设备抢修等
安全警戒组	事故现场的警戒保卫和隔离工作、人员的疏散保护工作，保证事故应急救援现场的道路畅通等
物资供应组	为救援、处置和善后工作提供必要的物资供应，采购、保管应急救援物资，确保在应急救援时能有效、及时提供后勤保障，保证应急救援时水、电的供给与控制
医疗救护组	组织救护车辆、医务人员、急救器材进入指定地点，组织现场抢救伤员及转送等
善后处理组	安全事故的善后处理；发布事故处置过程、结果；组织对安全事故开展调查等

3. 优化后期处置系统

第一，应急恢复。在事故和险情得到有效控制后，各部门应根据领导小组指示，积极采取措施和行动，尽快使科研活动和实验室环境恢复到正常状态。

第二，善后处置。实验室及室内设备在事故发生后遭到严重损坏，必须进行全面检修，并经检验合格后方可重新投入使用。对严重损坏、无维修价值的设备应当予以报废。安全事故中，如有毒性介质、生物介质和病毒泄漏的，应当经环保部门和卫生防疫部门检查并出具意见后，方可进行下一步修复工作。按国家有关规定做好安抚、理赔工作，提供心理及司法援助。

第三，调查与评估。事故应急处置完成后，实验室管理部门需立即对事故的原因进行调查，询问事件或事故的当事人，记录事件或事故发生时的状态，填写事故调查单。事故处理后要分析事故发展过程，吸取教训，提出改进措施，进一步完善和改进应急预案。

二、化学实验室事故应急预案内容介绍

针对上文中实验室安全事故应急预案的相关介绍，此处主要以化学实验室为例，阐述应急预案所包含的具体内容。

（一）实验室安全隐患分析

根据现有实验室的布局、房间相对位置、各个实验室内的仪器设备配置、药品存放位置，种类和数量，实验室常用气体的存放位置及数量等与实验相关并且容易产生安全隐患的一切物品进行分析，实验室存在的安全隐患，易发生的事故类型有以下

几类。

1. 火灾

据相关数据表明，火灾是实验室中发生频率最高的一类事故，无论何种类型的实验室均无法逃避火灾的威胁。主要原因如下。

（1）电源未关，致使设备或用电器具通电时间过长，温度累积到一定程度后，引起着火。

（2）操作不规范、存放不合理等，使易燃物质接触到火花，从而着火。

（3）供电线路老化、超负荷运行，导致线路发热，引起着火。

（4）乱扔烟头，接触易燃物质，引起着火。

2. 爆炸

爆炸性事故多发生在具有易燃易爆物品和压力容器的实验室：

（1）违反操作规程，引燃易燃物品，进而导致爆炸。

（2）设备老化，有故障或缺陷，造成易燃易爆物品泄漏，遇火花后引起爆炸。

3. 中毒

毒害性事故多发生在具有化学药品，剧毒物质的化学实验室和有毒气排放的实验室：

（1）违反操作规程，将食物带进有毒物的实验室，造成误食中毒。

（2）设备设施老化，存在故障或缺陷，造成有毒物质泄漏或有毒气体排放不畅，酿成中毒。

（3）管理不善，造成有毒物品散落流失，引起环境污染。

（4）废水排放管路受阻或失修改道，造成有毒废水未经处理而流出，引起环境污染。

（5）进行有毒有害操作时不佩戴相应的防护用具。

（6）不按照要求处理实验"三废"，污染环境。

4. 触电

（1）违反操作规程，乱拉电线等。

（2）因设备设施老化而存在故障和缺陷，造成漏电触电。

5. 灼伤

皮肤接触到高温的容器、物品或是强腐蚀性物质、强氧化剂、强还原剂，如正在煮沸水的玻璃器皿、浓酸、氢氟酸、溴等都可使人的接触部位受到损伤。

（1）实验过程中，未按照实验要求佩戴护目镜，眼睛受刺激性气体熏染，致使强酸、强碱、玻璃屑等异物进入眼内。

（2）在紫外线下长时间用裸眼观察物体。

（3）使用有毒物品时未佩戴橡皮手套，而是用手直接取用。

（4）在处理具有刺激性的、恶臭的和有毒的化学药品时，未按规定在通风橱中操作，以致吸入药品和溶剂蒸气，从而灼伤呼吸道和食道等。

（5）用口吸吸管移取浓酸、浓碱，有毒液体，用鼻子直接嗅气体。

6. 放射性危害

（1）放射物品管理不严格，未按照规定领取、使用。

（2）在实验过程中未做好个人防护，以至造成危害。

（3）放射物品处置不妥当，造成其散落、流失，从而引起危害。

（二）成立实验室应急组织机构、明确职责

以实验室为单位成立实验室安全事故应急领导小组。领导小组主要职责：

（1）组织制定安全保障规章制度。

（2）保证安全保障规章制度有效实施。

（3）组织安全检查，及时消除安全事故隐患。

（4）组织制定并实施安全事故应急预案。

（5）负责现场急救的指挥工作。

（6）及时、准确报告安全事故。（主要应急电话包括火警：119；匪警：110；医疗急救：120。）

（三）实验室突发事故应急处理预案

1. 实验室火灾应急处理预案

（1）发现火情，现场工作人员立即采取措施处理，防止火势蔓延并迅速报告。

（2）确定火灾发生的位置，判断出火灾发生的原因，如压缩气体、易燃液体、自燃物品等。

（3）明确火灾周围环境，判断出是否有重大危险源分布及是否会带来次生灾难发生。

（4）明确救灾的基本方法，并采取相应措施，按照应急处置程序采用适当的消防器材进行扑救；如木材、纸张、塑料等固体可燃材料起火时，可采用水冷却法，但对珍贵图书、档案等应使用二氧化碳、干粉灭火剂灭火。易燃可燃液体、易燃气体和油脂类等化学药品火灾，可使用泡沫灭火剂、干粉灭火剂灭火。带电电气设备起火，应切断电源后再灭火，无法断电不得不带电灭火时，应使用沙子或干粉灭火器，不能使用泡沫灭火器或水。可燃金属，如镁、钾及其合金等火灾，应用特殊的灭火剂，如干砂或干粉灭火器等灭火。

（5）依据可能发生的危险化学品事故类别、危害程度级别，划定危险区，对事故现场周边区域进行隔离和疏导。

（6）视火情拨打"119"报警求救，并到明显位置引导消防车。

2. 实验室爆炸应急处理预案

（1）实验室发生爆炸时，实验室负责人或安全员在其认为安全的情况下必须及时切断电源和管道阀门。

（2）所有人员应听从临时召集人的安排，有组织地通过安全出口或用其他方法迅速撤离爆炸现场。

（3）应急预案领导小组负责安排抢救工作和人员安置。

3. 实验室中毒应急处理预案

在实验中，若身体感觉到明显不适，如呼吸不畅、咽喉灼痛、眼睛酸涩、恶心、头晕等，则有可能已经中毒。视中毒原因施以下述急救后，迅速送往医院做进一步治疗和详细检查。

（1）首先将中毒者转移到安全地带，解开领扣，使其呼吸通畅，让其呼吸到新鲜空气。

（2）误服毒物中毒者，须立即引吐、洗胃及导泻，若中毒者意识清醒，可让其饮大量清水或服药引吐。

（3）重金属盐中毒者，喝一杯含有少量 $MgSO_4$ 的水溶液，立即就医，不可服药引吐，以免加重毒性。砷和汞化物中毒者，必须紧急就医。

（4）吸入刺激性气体中毒者，应立即将其转移至空气清新的开阔地带，并给予 2% ~ 5% 碳酸氢钠溶液雾化吸入。气管痉挛者应酌情给解痉挛药物雾化吸入。应急人员一般应配置过滤式防毒面罩、防毒服装、防毒手套、防毒靴等。

4. 实验室触电应急处理预案

触电急救的原则是在现场采取积极措施保护伤员生命。对于触电者的应急处理方法，参阅本书第五章相关内容。

5. 实验室化学灼伤应急处理预案

（1）强酸、强碱及其他一些化学物质，具有强烈的刺激性和腐蚀作用，发生这些化学灼伤时，应用大量流动清水冲洗，再分别用低浓度的（2% ~ 5%）弱碱（强酸引起的）、弱酸（强碱引起的）进行中和。初步处理后，视伤者的具体情况决定后续救治事宜。

（2）若眼睛不慎被液体、气体等物质灼伤时，应迅速用大量清水或生理盐水彻底冲洗。冲洗时，眼睛置于水龙头上方（可用双手将眼睛撑开），水向上冲洗眼睛，且维持 15 分钟以上。冲洗完后，应前往医院做进一步检查与治疗。

第三节　实验室安全风险防护

一、实验室常用安全防护装备介绍

安全防护装备是指用于防止工作人员受到物理、化学和生物等有害因子伤害的器材和用品，其相关装备如图4-3所示。

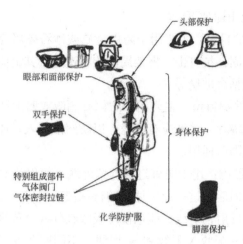

图 4-3 个人防护装备配备

（一）安全防护装备选择原则

实验室活动种类丰富、形式多样，各实验室工作人员以及其他流动的实验室使用者，均应当根据各自的工作性质和不同级别安全水平选择合适、有效的个人防护装置并掌握正确的使用方法。

（二）安全防护装备选择注意事项

（1）个人防护用品应符合国家规定的有关标准。

（2）在危害评估的基础上，按不同级别防护要求选择适当的个人防护装备。

（3）个人防护装备的选择、使用、维护应有明确的书面规定、程序和使用指导。

（4）使用前应仔细检查，不使用标志不清、破损或泄漏的防护用品。

（三）安全防护的主要装备

1.眼睛防护（安全镜、护目镜）

护目镜是一种起特殊作用的眼镜，通常使用场所不同，对眼镜的材质、功能要求也会有所差异。如手术室医生所用的为手术专用眼镜，工地电焊工所用的为焊接眼镜，激光雕刻室雕刻师所用的为激光防护眼镜，等等。防护眼镜在工业生产中又称劳保眼镜，主要有两种类别，分别是安全眼镜和防护面罩，主要作用是保护生产人员的眼睛和面部，使其尽可能免受损伤。护目镜常见样式见图 4-4。

图 4-4 常用护目镜样式

护目镜主要种类及用途如下。

（1）防固体碎屑护目镜：主要用于防御金属或砂石碎屑等对眼睛的机械损伤。眼镜片和眼镜架结构坚固，抗打击。框架周围装有遮边，其上应有通风孔。防护镜片可选用钢化玻璃、胶质粘合玻璃等。

（2）防化学溶液的护目镜：主要用于防御有刺激或腐蚀性的溶液对眼睛的化学损伤。可选用普通平光镜片，镜框应有遮盖，以防溶液溅入。通常用于实验室、医院等场所，一般医用眼镜即可通用。

（3）防辐射的护目镜：用于防御过强的紫外线等辐射线对眼睛的危害。镜片由能反射或吸收辐射线，但能透过一定可见光的特殊玻璃制成。镜片镀有光亮的铬、汞或银等金属薄膜，可以反射辐射线；蓝色镜片吸收红外线，黄绿镜片同时吸收紫外线和红外线，无色含铅镜片吸收 X 射线和 γ 射线。不同职业场所对护目镜的防辐射程度要求高低不一，如电焊眼镜，对镜片的透光率要求相对较低，因而镜片主要为常见的黑色；而激光防护眼镜，需要有效对抗各类光对眼睛的侵害，因此对镜片要求非常高，需要根据激光的性质、衰减率、密度、穿透力等选择不同波段的镜片。

2. 头面部及呼吸道防护

（1）口罩

目前实验室常用口罩样式如图 4-5 所示，主要包括如下几类。

图 4-5 常用口罩样式

活性炭口罩：利用活性炭较大的表面积（500 ~ 1000 m²/g），强吸附性能，将其作为吸附介质，制作而成的口罩。

空气过滤式口罩：主要工作原理是使含有害物的空气通过口罩的滤料过滤净化后再被人吸入，过滤式口罩是使用最广泛的一类。过滤式口罩的结构应分为两大部分，面罩的主体和滤材部分，包括用于防尘的过滤棉以及防毒用的化学过滤盒等。

美国国家职业安全与健康研究院（NIOSH）粉尘类呼吸防护标准42CFR84，1995 年 6 月公布（根据滤料分类），有如下系列。

N 系列：防护非油性悬浮颗粒无时限。

R 系列：防护非油性悬浮颗粒及汗油性悬浮颗粒时限 8 小时。

P 系列：防护非油性悬浮颗粒及汗油性悬浮颗粒无时限。

有些颗粒物的载体是有油性时，而这些物质附在静电无纺布上会降低电性，使细小粉尘穿透，因此对于防含油气溶胶的滤料要经过特殊的静电处理，以达到防细小粉尘的目的。所以每个系列又划分出了 3 个水平：95%，99%，99.97%（即简称为 95，99，100），总计有 9 小类滤料。

此外，欧盟、日本等国也制定了相应的滤材标准。我国出台国家标准 GB 6223—86UDC614.894，也对口罩滤料的生产与使用提出了要求和指导。

（2）防毒面具

实验室使用的主流防毒面具如图 4-6 所示，主要包括以下几类。

图 4-6 防毒面具

过滤式防毒面具是一种能够有效地滤除吸入空气中的化学毒气或其他有害物质，并能保护眼睛和头部皮肤免受化学毒剂伤害的防护器材，是消防人员运用最为频繁的一类防毒面具。不同类型产品的基本结构和防毒原理基本相同，均由滤毒罐、面罩和面具袋组成。在使用这种防毒面具时，由于面具的呼吸阻力、有害空间和面罩的局部作用，对人体的正常生理功能有一定的消极影响，普通人在日常情况下佩戴消极影响有限，但在某些特殊环境中，则有可能发生恶果。因而对不适合戴面具的人员，应根据病情限制或禁止使用防毒面具；而对那些身体抱恙或有慢性疾病的人员，如患有慢性阻塞性肺疾病、哮喘、肾病等，应严格把控佩戴时间。

隔绝式防毒面具是一种可使呼吸器官完全与外界空气隔绝，其中的储氧瓶或产氧装置产生的氧气供人呼吸的个人防护器材。隔绝式防毒面具与滤过式防毒面具相比的优点是能有效地防护各种浓度的毒剂、放射性物质和致病微生物的伤害，并能在缺氧或含有大量一氧化碳及其他有害气体的条件下使用。其缺点是较笨重，使用复杂，易发生故障且价格较贵。根据隔绝式面具的供氧方式不同，可分为带氧面具和产氧面具两种。带氧面具的基本原理是人吸入钢瓶中经过减压的高压氧，呼出气中的二氧化碳和水蒸气被清洁罐中的氢氧化锂或钠灰吸收，剩余的氧气又重新回到气囊中被再次利用。氧气用完以后更换氧气瓶，清洁罐失效时可换新的清洁罐。目前使用的带氧面具主要是氧气呼吸器，钢瓶中贮存可利用的压缩氧气，一次有效使用时间为 40 ~ 120 分钟。产氧面具的基本原理是利用人呼出的水汽、二氧化碳与面具内的生氧剂发生化学反应，放出氧气供人呼吸。这种面具产氧罐内的生氧剂主要有超氧化钠或超氧化钾，其反应如下：$4NaO_2+2H_2O \rightarrow 4NaOH+3O_2$，$4NaO_2+2CO_2 \rightarrow 2Na_2CO_3+3O_2$。相较于带氧面具，产氧面具更为轻便，使用也较简便。

3.躯体防护（实验服、隔离衣、连体衣等）

在实验中穿的工作服，如实验服、隔离衣、连体衣等,均是用以保护人躯体的装备。

一般都是长袖及膝，以白色居多，故又名白大褂。材质以耐高温和易于清洗的棉、麻以及棉麻混合物为主。

4.手、足防护在实验室中，手和足的保护亦不可忽视，对于脚的保护一般穿全包围的鞋即可，但对于手，则应当严格按照有关要求穿戴合适有效的手套，根据手套作用（表4-3）和手套材质（表4-4）将其分类如下。

（1）手套种类

表4-3 根据手套的作用分类

序号	用途分类	主要介绍
1	一次性手套	保护使用者和被处理的物体。在使用时，对手指触感要求高的工作，如实验室清洁工作。可用乳胶、丁腈橡胶或PVC（聚氯乙烯）材料制成手套。
2	化学防护手套	防止化学浸透。用多种合成材料制成，如乳胶、丁腈橡胶、氯丁橡胶等
3	织布手套	织布手套的种类大致可分为：涤纶、锦纶以及棉花制成的一般用途手套，配有凯芙拉尔（Kevlar）材料、迪尼玛（Dyneema）材料以及钢材料的耐切割手套；小比例天然胶乳和莱卡纱并加入其他纤维制成的弹力手套；以及由热泡沫或振动泡沫等材料制成的特殊用途手套（可分为超清洁手套和无菌手套）
4	一般用途手套	用于防磨损，刺穿、切制等，适用于搬运，处理物品等，常使用针织布、皮革或合成材料
5	防热手套	可隔热，用于高温工作环境，常使用厚皮革、特殊合成涂层、绝缘布、玻璃棉

表4-4 根据手套的材质分类

序号	材质分类	主要介绍
1	天然橡胶（乳胶）	通常没有衬里，并有多种款式，包括清洁款式和无菌款式。这些手套能针对碱类、醇类以及多种化学稀释水溶液提供有效地防护，并能较好地防止醛和酮的腐蚀
2	聚氯乙烯（PVC）	防化学腐蚀能力强，几乎可以防护所有的化学危险品。加厚和处理后的表面(如毛面)也能防一般性的机械磨损，加厚型还可防寒。使用温度为—4～66℃。
3	丁腈橡胶	通常分为一次性手套、中型无衬手套及轻型有衬手套，这种手套能防止油脂（包括动物脂肪）、二甲苯、聚乙烯以及脂肪族溶剂的侵蚀。还能防止大多数农药配方，常用于生物成分以及其他化学品的使用过程
4	氯丁橡胶	与天然橡胶的舒适度相似，但对于石油化工产品、润滑剂具有很好的防护作用，此外还具有强抗老化性能，能抗臭氧和紫外线
5	丁基橡胶	仅作为中型无衬手套的材料
6	聚乙烯醇（PVA）	可作为中型有衬手套的材料，因此这种手套能针对多种有机化学品，如芳香烃、氯化溶剂、碳氟化合物和大多数酮（丙酮除外）、酯类以及醚类提供高水平的防护和抗腐蚀性
7	皮革	防机械磨损性能较好。厚皮可防热，外层镀铝后可防高温及热辐射。喷涂革耐磨、防污
8	布	作为一般用途手套。使用者手指灵活，接触感良好。加厚的可用于防热、防寒。可防中、低等机械磨损。点珠类的布手套耐磨、防滑，可抓握湿滑物体

（2）手套选择与使用中的注意事项

手套的选择和使用决定着手的健康，在实验中只有选择了合适的手套，并能够正确使用，才能确保手的健康。为达到这一目标，需注意如下几点：选用的手套要具有足够的防护作用；使用前（特别是一次性手套），必须仔细查看整个手套是否完好，即使只有些微的破损或磨损也不可使用，尤其是指尖部分绝不可有缺损；注意手套摘取的方法，以防将手套上沾染的有害物质接触到皮肤和衣服上，造成二次污染；不得共用手套，以防交叉感染；戴手套前和取下手套后均需将手清洗干净，取下后可涂抹适量润手霜以防手部皲裂或干燥；戴手套前要治愈或罩住伤口，阻止细菌和化学物质进入血液；手套使用过程中或结束后，若皮肤出现任何不适，切不可忽视，有可能是被实验物质感染也有可能是对手套材质过敏，无论哪种原因都应尽早去医院查看诊治，保护手部健康。

5. 耳

实验室对耳部的防护，主要是为了保护听力，常用的防护装备有耳塞和耳罩，样式见图4-7。

图 4-7 耳塞（左）和耳罩（右）

（1）耳塞是可以插入外耳道的具有隔声作用的材料，依照其性能可分为两类：①泡棉耳塞，使用发泡型材料，压扁后回弹较慢，用时可将其揉搓细小后插入耳道，待其膨胀后将外耳道封堵起隔声目的；②预成型耳塞，由合成类材料（如橡胶、聚酯等）制成，预先模压成某些形状，可直接插入耳道。

（2）耳罩的形状与普通耳机相同，用隔声的罩子将外耳罩住，耳罩之间用有适当夹紧力的头带或颈带将其固定在头上。

二、实验室其他安全防护设备

（一）通风橱或通风柜

实验室通风橱的一大关键功能是通风排气，其样式和主要组成部件见图4-8。在实验室中，每天都进行着各种各样的实验活动，随之也会产生各类刺激性气味、臭味、有毒害气体或蒸汽以及易燃、易爆、腐蚀性物质，为了保护实验环境及人员安全，防止此类物质在室内迅速扩散、大量积聚而引发安全事故，在污染源附近应使用通风橱。化学实验室高度的安全性和优越的操作性，要求通风柜应具有如下功能：

（1）释放功能：应具有将通风柜内部产生的有害气体吸收柜外气体稀释后排往室外的功能。

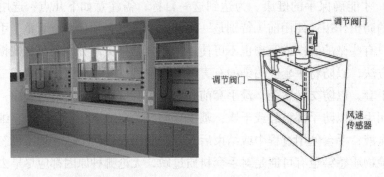

图 4-8 通风橱（左）和通风橱构造组成（右）

（2）防倒流功能：应具有在通风柜内部由排风机产生的气流将有害气体从通风柜内部不反向流进室内的功能。

（3）隔离功能：在通风柜前应具有不滑动的玻璃视窗将通风柜内外分隔开。

（4）补充功能：应具有在排出有害气体时，从通风柜外吸入空气的通道或替代装置。

（5）控制风速功能：为防止通风柜内有害气体逸出，需达到相应的吸入速度。通常规定，一般无毒的污染物为 0.25 ~ 0.38 m/s；有毒或有危险的有害物为 0.4 ~ 0.5 m/s；剧毒或有少量放射性为 0.5 ~ 0.6 m/s；气状物为 0.5 m/s；粒状物为 1 m/s。

（6）耐热及耐酸碱腐蚀功能：通风柜内有的要安置电炉，有的实验产生大量酸碱等有毒有害气体具有极强的腐蚀性。通风柜的台面，衬板、侧板及选用的水嘴、气嘴等都应具有耐热、防腐功能。

在通风橱使用过程中，需遵守以下规则和注意事项：

（1）使用前应检查电源、开关、排气孔、排气道、排水道等是否正常。

（2）打开照明设备，检查视光源及柜体内部是否正常。

（3）打开抽风机，试运行 3 分钟左右，检查运转是否正常。

（4）依以上顺序检查时，一旦发现异常，需即刻停止使用，报有关部门维修养护，待确认正常后再使用。

（5）关机前，抽风机应继续运转几分钟，使柜内废气完全排除。

（6）使用后应对通风柜做全面清洁，并关闭各项开关及视窗。

（7）实验室内，即使未使用通风橱也应保持内部空气的畅通，净化实验室空气，保护实验人员的健康。

（8）在使用通风柜的过程中，每间隔 2 小时需打开窗户通风 10 分钟，使用时长达 5 小时，应将窗户全部打开，以防室内出现负压。

（9）实验过程中，将视窗离台面 100 ~ 150 mm 为宜。

（10）禁止在未开启通风柜时在其通风柜内做实验。

（11）禁止在做实验时将头伸进通风柜内操作或查看。

（12）禁止通风柜内存放易燃易爆物品或进行相关实验。

（13）禁止将移动插线排或电线放在通风柜内。

（14）禁止在通风柜内做国家禁止排放的有机物质与高氯化合物质混合的实验。

（15）禁止在安全措施不充分的条件下将所实验的物质放置在通风柜内实验，一旦有化学物质喷溅出来，应立即切断电源。

（16）移动上下视窗时，动作应轻而缓，以防手被压而受伤。

（17）通风柜的操作区域要保持畅通，通风柜周围避免堆放物品；

（18）通风橱不可用于堆放物质，即使是在使用中也不可堆放过多的实验器材或物质。

（二）紧急喷淋洗眼器

紧急喷淋洗眼器既有喷淋系统，又有洗眼系统。紧急喷淋洗眼器主要适用于科研院校、石油化工基地、疾病预防控制中心等行业。

1. 使用方法

眼部伤害：取下冲眼喷头防尘罩，压下冲眼喷头阀门，将眼部移到冲眼喷头上方，根据出水高度调节眼部与出水喷头的距离。在眼部移至冲眼喷头出水上方时，喷出的水应清澈；冲洗时眼睛要睁开，眼珠来回转动；连续冲洗时间不得少于15分钟，冲洗完毕后，应尽快赶往医院对眼部做详细的检查与治疗。

躯体伤害：若躯体损伤情况允许可将被污染的衣物脱去，若损伤较严重难以脱去而可用剪刀将污染衣物剪断，然后冲眼喷头防尘罩，压下冲眼喷头阀门。冲洗时不得隔着衣物冲洗伤害部位；连续冲洗时间不得少于15分钟，冲洗后视情况判断是否应去医院做进一步治疗。

2. 安装和使用要求

（1）应该安装在危险源附近，最好在10秒内能够快步到达洗眼器的区域范围，一般情况下，危险处与洗眼器设置点的间距以10～15m为佳。

（2）洗眼器设置点宜与危险源处于同一水平层，尽量不越层。

（3）在洗眼器1.5m半径范围内，不能有电气开关，以免发生电器短路。

（4）必须连接饮用水（需保证水压），严禁使用循环水或工艺水。

（5）进水口管径应大于或等于25mm，确保出水量。

（6）洗眼器周边因设置醒目的标志，标志上应包括洗眼器名称、图像、使用方法和使用注意事项等，方便寻找和使用。

（7）此设备主要适用于应急处理，通过快速大量洁净水的冲洗，将伤害程度最大限度地降低，但不具备医治功效，处理后一定要去医院做进一步检查和治疗。

（8）供水总阀必须打开，不得关闭。

（9）喷淋头至少持续 5～10 分钟；眼部和脸部的清洗至少持续 15 分钟。

（10）洗眼器所在点及周边区域严禁悬挂、堆放物品，且应定期清理，保持干净整洁。

第五章 实验室基本安全操作

第一节 实验室用电安全

安全用电，是指电气工作人员、生产人员以及其他用电人员，在既定环境条件下，采取必要的措施和手段，在保证人身及设备安全的前提下正确使用电力。在实验室中，电是不可或缺的，为了确保实验过程中的用电安全，掌握一些与"电"相关的知识是非常必要的，具体内容如下。

一、电流对人体的作用及影响

人并非绝缘体，因此当身体的某一部位接触到带电体而构成电流回路时，就会有电流流过人体。电流于人体而言是有害的，对于与之接触者通常会造成不同程度的损害，大体可将其划分为两大类，即电伤和电击。电伤是指电流对人体外部造成的局部伤害，它是因电流的热效应、化学效应、机械效应及电流本身的作用，使熔化和蒸发的金属微粒侵入人体，从而使局部的皮肤被灼伤、烙伤或造成金属异物沉积，严重时还会危及到人的生命。电击是指电流流过人体时对内部组织造成的伤害，进而引发全身发热、发麻、肌肉抽搐、神经麻痹、室颤、昏迷，以致呼吸严重受阻直至窒息，从而心跳骤停而亡。

（一）触电形式

了解常见的触电形式和人体对电流的反应，可明确电流对人体的损害情况，有益于触电事故的防御。

1. 单相触电

人体的某一部位触碰到某根带电相线（火线）的同时，其他部分又与大地（或零线）相接触，此时电流经由相线（火线）流经人体到地（或零线）形成回路，这即是单相触电。

在触电事故中，此类触电情况的发生率较高，如检修带电线路和设备时，未做好安全防护或接触漏电的电器设备外壳及绝缘损伤的导线均可引发单相触电。

2. 两相触电

两相触电是指人体的不同部位同时接触两根带电相线时引发的触电现象。此时无论电网中心是否接地，人体都在电压作用下触电，且电压很高，对人体的危害极大。

3. 跨步电压触电

电器设备发生对地短路或电力线断落接地时都会在导线周围地面形成一个强电场，其电势从接地点以由强到弱的形式逐步往外扩散，一旦有人踏入此区域，因打开的双脚间存在电势差，所以电流从一脚流入，再从另一脚流出从而引发触电，此现象即为跨步电压触电。

4. 悬浮电路上的触电

市电通过有初、次级线圈互相绝缘的变压器后，从次级输出的电压零线不接地，相对于大地处于悬浮状态，当站立在地面上的人接触到其中某一根带电线时，往往不会产生触电的感受。但在大量的电子设备中，如收、扩音机等，它是以金属底板或印刷电路板作公共接"地"端，如果操作者身体的一部分接触底板（接"地"点），另一部分接触高电位端，就会造成触电，此即悬浮电路上的触电。为预防此类触电现象的发生，通常都要求以单手操作。

（二）人体对电流的反应

人体对电流的反应极其敏感，一旦有电流流经人体总会给人造成不同程度的伤害，而影响伤害程度的因素有很多，主要包括以下几种。

1. 人体电阻

人体电阻是变动着的，不同情况下，有着不同的电阻值，但一般维持在 $10 \sim 100\,k\Omega$ 之间。人体电阻越小，触电时流经的电流就越大，伤害也随之加大。人体各部分如皮肤角质层、脂肪、骨骼、神经、肌肉等的电阻并不相同，其中最大的为皮肤角质层电阻，最小的为肌肉电阻。当人的皮肤破出现破损时，其电阻可降至 $0.8 \sim 1\,k\Omega$。此时若接触带电体，很可能会危及到生命。人体电阻并非固定的，皮肤越薄、越潮湿，电阻愈小；皮肤接触带电体面积越大，越靠近，电阻愈小。若通过人体的电流越大，电压越高，使用时间越长，电阻也越小。此外，人的身体素质以及情绪状态也能够对人体电阻产生一定的影响。如身体虚弱、躁动不安、醉酒、冒汗等，可使人体电阻急剧下降，因此，当身体出现以上情形时不宜进行电气操作。

2. 不同强度的电流对人体的伤害

相关数据表明，人体上通过 1 mA 工频交流电或 5 mA 直流电时，便会引发麻、痛的感觉。当电流在 10 mA 左右，人可以依靠自身脱离电源危害；当电流大于 50 mA 时，情况非常危险，单纯依靠自身已无法摆脱电源的危害；当通过人体的电流达到

100 mA，则会造成窒息，心跳骤停，从而引发死亡。

3. 不同电压的电流对人体的伤害

人体接触的电压越高，通过人体电流越大，对人体的伤害也就愈大。相关触电统计数据显示，因接触 220 V 或 380 V 交流电压而引发身亡的占据了总数的 70%。以触电者人体电阻为 1 kΩ 计，在 220 V 电压下通过人体的电流有 220 mA，能在短时间内使人丧命。经过大量的实践探索，得知小于 36 V 的电压，对人体几乎是无害的，因此将 36 V 以下的电压规定为安全电压。

4. 不同频率的电流对人体的伤害

相关实验结果显示，直流电具有分解血液的效力；达到一定频率的电流几乎不具有威胁性，且可运用到医疗中。即触电危险性随频率的增高而减少，40 ~ 60 Hz 交流电最危险。

5. 电流的作用时间与人体受伤的关系

电流作用于人体的时间越长，人体电阻越小，则通过人体的电流愈加，此时人体受到的伤害也就愈加深重。如工频 50 mA 交流电，若触碰时间极短，人尚且还有生还的可能；一旦接触高达 10 秒以上，势必引起心脏室颤，进而因心跳骤停而亡。

6. 电流通过的不同途径对人体的伤害

电流通过头部使人昏迷；通过脊髓可能导致肢体瘫痪；若通过心脏、呼吸系统和中枢神经，可导致精神失常、心跳停止、血循环中断。由此可知，当电流流经心脏和呼吸系统时，危险系数最高，触电者极有可能因此而死。

二、触电急救措施

触电事故往往在发生的瞬间就可引发无法估量的伤害，所以一旦发生此类事故，必须及时展开抢救。据资料记载，触电后的施救工作每拖延一分钟，救治的可能性会随之大幅度的降低，事故发生后 1 分钟内展开施救的，90% 有救治的可能；事故发生后 6 分钟才进行施救的，仅有 10% 的生机；一旦事故发生后超过 12 分钟仍未得到救治的触电者，几乎没有生还的可能。由此可知，对触电者的及时抢救异常重要。常用的救治方法如下。

1. 脱离电源

若触电者周围设有配电箱、闸刀等，当即就应切断电源。如果随身携带着包裹了绝缘柄的工具（如钢丝钳等），可将电线截断。还可带上绝缘手套或用干燥的木棍、竹竿等，挑开与触电者接触的电线。需要注意的是，此时绝不可用手直接触碰触电者，或用金属、潮湿的器物挑拨电线。因为这样做不仅无法救助触电者，还有可能让自己也陷入触电危险中。此外，若触电者是在高空作业时触电的，断电时应防止触电者摔伤。

2. 现场救治

当触电者脱离电源后，若意识正常，呼吸平稳，身体部位也未出现灼伤，只需帮助其到平坦开阔、空气流通的地方，静卧休息，此时触电者不宜走动，以防突然惊厥狂奔，体力衰竭而亡。若触电者意识模糊，呼吸不畅或停止，应将其迅速转移到周围空气清新的地方，并立刻为其实行人工呼吸，同时拨打急救电话。若触电者呼吸微弱，心脏停止跳动，则需立即使用胸外挤压法抢救，同时拨打急救电弧，送医途中抢救仍要继续。若触电情况极为严重，触电者已无呼吸和心跳，此时就需同时或交替使用人工呼吸法和胸外挤压法抢救。

（1）人工呼吸法：让触电者仰卧于地面，令其四肢展开，头上仰，将其鼻孔和口腔打开，保证气流的畅通，然后捏住其鼻孔，对其口腔吹气，再松开鼻子，如此反复做，速度保持在 12 次 / 分钟，待其恢复呼吸为止。

（2）胸外挤压法：施救者两手相叠然后紧握，然后将其放于触电者心窝上方（即两乳头之间略往下），掌根往下按压 3 ~ 4 cm，速度保持在 60 次 / 分钟，挤压后迅速将两手放开。让触电者胸廓自行复原，以利血液盈润心脏，逐步恢复心脏正常跳动。

（3）若触电者为儿童时，可改为单手轻轻按压，但此时可加快按压速度，以每分钟 100 次为佳。

注意：对触电者进行抢救时，有可能需要耗费大量时间，因此救治者必须有耐心，不放弃希望，对其实施不间断地抢救；急救中严禁用不科学的方法，如摇抖身体、掐人中、水泼或盲目打强心针等，因为此类做法有可能加重触电者身体的负担，使其呼吸困难，体温快速降低，进而加重其损伤程度或加速其死亡。

三、安全用电常识

1. 接线端或裸导线是否带电的鉴定

无论在何种环境下，绝不可使用双手直接去鉴定接线端或裸导线是否带电，而应使用完好的验电笔或电工仪表来鉴定。

2. 保险丝的更换

更换保险丝时，首先要切断电源，然后再开始操作。若确需带电作业，则应采取安全措施，如：站在橡胶板上或穿好绝缘鞋，戴好绝缘手套，且不可单独作业（应有专业人员陪同监护）。

3. 带电接头的处理

拆开的或断裂的暴露在外部的带电接头，必须及时用绝缘胶布包好，并悬挂到人身不会碰到的高度，以防人体触及。

4.36V 以上照明灯使用注意

严禁将电压大于 36V 的照明灯作为安全行灯使用。

5. 数人作业时须知

当作业场地中有数人同时或相继进行作业时，在切断或接通电源前一定要通知所有人。

6.确保使用家用电气设备的人身安全

如电饭锅的锅身、电风扇的底盘和风罩、电冰箱的门拉手等，均是日常生活中常用且与人体接触较多的电器，这些家用电器使用的均是单相交流电，为了消除不安全因素，应使用三孔形带接地线的插座、插头。或者对它们的外壳采取安全措施，即通常说得接地与接零保护，以保护人体安全。

四、实验室常见用电错误及注意事项

实验室中常用电器如烘箱、恒温水箱、离心机、电炉等，在使用这些电器时应严防触电，切忌用潮湿的手或注意力不集中时开关电闸和电器开关。且在使用之前，应当用试电笔检查电器设备是否漏电，若有漏电现象，绝不可使用。

（1）使用烘箱和高温炉时，须确认自动控温装置可靠，同时还需人工定时监测温度，以免温度过高。不得把含有大量易燃易爆溶剂的物品放入烘箱和高温炉中加热。

（2）变压器及加热设备电线接头裸露，冒火花。电源线接头应用绝缘胶布包住；禁止用湿、带油污或有机溶剂的手拔、插电源插头和电源开关。

（3）液体进入吹风机机壳内。在使用吹风机吹干玻璃仪器时，需注意不要让液体滴入吹风机；吹风机不宜离瓶口太近。

（4）旋转蒸发仪、电炉、高压灭菌锅等用电设备在使用中，应有人看守，以防所旋蒸的物料爆沸冲料；断电时防止水泵中的水倒吸。

（5）使用机械搅拌器和恒温磁力搅拌器时，若暂停使用或结束使用时，首先需将转速调至零，然后再关电源，以防下次操作时搅拌桨快速搅拌，使溶剂溅出，还可能打断水银温度计；油浴加热时，温度传感器一定要置于控温体系中，防止无限制的加热引发安全事故。

五、实验室用电安全措施

（1）在实验室内的所有电器设备，应当定期检查、维护，查看电器外壳是否有破损或漏电，并及时处理。用测电笔检测有无漏电情况时需确保测电笔是正常地，当测电笔的氖管破损时，检测结果是不准确的。

（2）电器设备应可靠地接地，以便电器设备发生碰壳接地时漏电保护器能迅速切除，同时也可预防剩余电荷触电、感应电压触电、静电触电。

（3）电器设备在工作过程中，现场应当有人并观察其运行状况，一旦有异常声响、气味、火花、冒烟等现象出现，应立即关机停止使用，待查明原因、排除故障后再继续使用。

（4）进实验室需穿绝缘鞋，电器的周围应铺绝缘垫，尤其是使用频繁或较易发

生漏电的电器必须铺绝缘垫，以防止触电。

（5）电器使用完毕要随手切断电源，拔下电源插头，禁止用拉导线的方法拔下电源插头。

（6）搬动或维修电器时，首先应当将电源插头拔下，然后再进行。

（7）提醒使用者养成良好的用电习惯，使用过程中尽量不直接用手触碰电器，尤其不能用潮湿的手接触电器、电线。

（8）做好电器设备的保管工作，注意防潮、防霉、防热、防尘，特别是假期过后或长期未使用时一定要在使用前对各类电器做检查和干燥处理。

（9）实验室需配置不导电的灭火剂，如喷粉灭火器使用的二氧化碳、四氯化碳或干粉灭火剂等，以防带电灭火时触电。此外，在楼道处和易发生危险的地方应当安装应急灯。

第二节　实验室用水安全

一、实验室用水分类

我国将实验室用水划分为三个等级，分别是三级水、二级水和一级水，具体内容如下。

1. 三级水

三级水常用于一般化学实验，制取方法包括蒸馏、离子交换等。

2. 二级水

二级水常用于分析实验室用水 GB/T 6682 二级水应用；食品微生物学检验 GB 4789 的应用；缓冲液、微生物培养、滴定实验、水质分析实验、化学合成、组织培养、动物饮用水、颗粒分析用水以及紫外光谱分析；制取方法为多次蒸馏、离子交换等。

3. 一级水

一级水常用于仪器分析实验，如液相色谱 / 质谱、原子吸收、ICP/MS、离子色谱；还可用于生命科学实验，如细胞培养、流式细胞仪、分子生物学实验用水等。

实验中的用水，因实验目的不同而对水质有着不同的要求，如冷凝作用、仪器的洗涤、溶液的配制以及大量的化学反应和分析及生物组织培养等，对水质的要求均不一样。对于一些于水质有着较高要求的实验，需事先对水进行提纯，常用的提取方法包括蒸馏法、离子交换法、反渗透法、电渗析法等。了解实验室用水安全，首先要清楚实验室用水的种类，用蒸馏方法制得的纯水叫作蒸馏水，用离子交换法等制得的纯水叫去离子水。

1. 自来水

自来水是实验室中使用量最大的水，如一般器皿的清洗、真空泵中用水、冷却水等均可用自来水。若用水不规范，极易引发不良后果，如与电接触。针对上行水和下行水出现的故障，如水龙头或水管漏水、下水道排水不畅时，应及时修理和疏通；冷却水的输水管必须使用橡胶管，严禁用乳胶管，水管内外相互衔接的部位均需用管箍夹紧，以防松动漏水，且下水管必须插入水池的下水管中。

2. 蒸馏水

蒸馏水是实验室中运用最多的一种纯水，制取所用仪器虽经济实惠，但需耗费大量的能量和水，提取速度也慢，因此在未来其应用会逐渐减少。运用蒸馏法，可去除掉自来水中的大量污染物，但对于其中的挥发性杂质（如二氧化碳、氨、二氧化硅以及一些有机物）却无效。新提取的蒸馏水一般是无菌的，但放置一段时间后细菌会逐渐繁殖；此外，储存的容器也有一定讲究，若是非惰性的物质，离子和容器的塑形物质会析出造成二次污染。

3. 去离子水

去离子水主要是采用离子交换树脂处理方法（除去水中的阴离子和阳离子）取得，但水中仍然存在可溶性的有机物，可以污染离子交换柱从而降低其功效，去离子水存放后也极易滋生细菌。

4. 反渗水

反渗水生成的原理是水分子在压力的作用下，通过反渗透膜成为纯水，水中的杂质被反渗透膜截留排出。反渗水克服了蒸馏水和去离子水的许多缺点，利用反渗透技术可以有效去除水中的溶解盐、细菌、细菌内毒素和大部分有机物等杂质，但运用不同品质的反渗透膜所提取的反渗水在质量上往往有着较大差异。

5. 超纯水

超纯水的标准是水电阻率为 18.2 $M\Omega \cdot cm$。但它在总有机碳（TOC）、细菌、内毒素等指标方面并不相同，一般取决于具体的实验要求，如细胞培养对细菌和内毒素有要求，而高效液相色谱法（HPLC）则要求 TOC 低。

二、实验室中用水注意事项

（1）实验室的上、下水道必须保持通畅。应告知所有使用者实验室以及本栋实验楼自来水总闸的位置，以便在水患发生时，可以立刻关闭阀门。

（2）实验室用水应做到用完即关，且在水打开时必须有人监管，还需定期检查上下水管路、化学冷却冷凝系统的橡胶管等，避免管路阻塞、老化造成水灾害。

（3）严寒季节，尤其是下雪、冰冻等天气时应做好水管的保暖和放空工作，防止水管受冻爆裂。

第三节　实验室用气安全

在实验室一般使用气体钢瓶直接获得各种气体。气体钢瓶是为储存压缩气体而特制的耐压钢瓶。使用时，通过减压阀（气压表）有控制地放出气体。由于钢瓶的内压很大（有的高达 15 MPa），而且有些气体易燃或有毒，所以在搬运或开启钢瓶时一定要严格遵守使用规范。

一、常用气体的常识和安全知识

1. 高压气体的种类

（1）压缩气体：氧、氢、氮、氩、氨、氦等。

（2）溶解气体：乙炔（可溶于丙酮，内有活性炭）。

（3）液化气体：二氧化碳、一氧化氮、丙烷、石油气等。

（4）低温液化气体：液态氧、液态氮、液态氩等。

2. 高压气的性质

（1）乙炔：无色无味（但不纯净时，因混有 HS_2、PH_3 等杂质，会散发出大蒜气味）。比空气轻，易燃，易爆，需远离火种，呼入后可产生麻醉性。

（2）一氧化二氮（也称笑气）：无色，带芳香甜味，比空气重，助燃，有麻醉性。

（3）氧：无色无味，比空气略重，助燃，助呼吸，阀门及管道需禁油。

（4）氢：无色无味，比空气轻，易燃，易爆，需远离火种。

（5）氨：无色，有刺激性气味，比空气轻，易液化，易溶于水。

（6）氩：无色无味的惰性气体，对人体无直接危害，但在高浓度时有窒息作用。

（7）氦：无色无味且不可燃气的气体，在空气中不会爆炸或燃烧，但在空气中的含量过多时会产生窒息作用。

（8）氮：无色无味，比空气稍轻，难溶于水。

3. 高压气体的容器与色标

（1）氧、氢、氩、一氧化二氮应使用由有机无缝钢制成的钢瓶储存，而乙炔、丙烷等使用常规焊接钢制成的钢瓶储存即可。

（2）各类高压容器必须附有证明书，且证书要与高压容器一同保存，并在技术档案中记录好。

（3）在钢瓶肩部，需钢印打出下述标记：制造厂、制造日期、气瓶型号、工作压力、气压试验压力、气压试验日期及下次送验日期、气体容积、气瓶重量。

（4）为了避免钢瓶混淆使用的现象，常将钢瓶漆成不同颜色，并标明瓶内是何种气体。

（5）应定期检验（如三年一次）钢瓶，即使未到试验期，一旦发现异常也需立即更换。

我国常用高压气瓶颜色标志分类如表5-1和表5-2所列。

表5-1 常用高压气瓶颜色标志分类

充装气体类别		气瓶涂膜配色类型		
		瓶色	字色	环色
烃类	烷烃	棕	白	淡黄
	烯烃		淡黄	白
稀有其他类		银灰	深绿	
氟氯烷类		铝白	可燃气体：大红不燃气体：黑	深绿
剧毒类		白		
其他气体		银灰		无机气体：深绿有机气体：淡黄

表5-2 具体气体一览表（GB 7144—1999 气瓶颜色标志）

序号	充装气体名称	化学式	瓶色	字样	字色	色环
1	乙炔	$CH \equiv CH$	白	乙炔不可近火	大红	
2	氢	H_2	淡绿	氢	大红	$P=20$ MPa，淡黄色单环 $P=30$ MPa，淡黄色双环
3	氧	O_2	淡蓝	氧	黑	$P=20$ MPa，白色单环 $P=30$ MPa，白色双环
4	氮	N_2	黑	氮	淡黄	
5	空气		黑	空气	白	
6	二氧化碳	CO_2	铝白	液化二氧化碳	黑	$P=20$ MPa，黑色单环
7	氨	NH_3	淡黄	液氨	黑	
8	氯	Cl_2	深绿	液氯	白	
9	氟	F_2	白	氟	黑	
10	一氧化氮	NO	白	一氧化氮	黑	
11	二氧化氮	NO_2	白	液化二氧化氮	黑	
12	碳酰氯	$COCl_2$	白	液化光气	黑	

续 表

序号	充装气体名称	化学式	瓶色	字样	字色	色环
13	砷化氢	AsH_3	白	液化砷化氢	大红	
14	磷化氢	PH_3	白	液化磷化氢	大红	
15	乙硼烷	B_2H_6	白	液化乙硼烷	大红	
16	四氟甲烷	CF_4	铝白	氟氯烷14	黑	
17	二氟二氯甲烷	CCl_2F_2	铝白	液化氟氯烷12	黑	
18	二氟溴氯甲烷	$CBrClF_2$	铝白	液化氟氯烷12B1	黑	
19	三氟氯甲烷	$CClF_3$	铝白	液化氟氯烷13	黑	
20	三氟溴甲烷	$CBrF_3$	铝白	液化氟氯烷13B1	黑	P=12.5 MPa，深绿色单环
21	六氟乙烷	CF_3CF_3	铝白	液化氟氯烷116	黑	
22	一氟二氯甲烷	$CHCl_2F$	铝白	液化氟氯烷21	黑	
23	二氟氯甲烷	$CHClF_2$	铝白	液化氟氯烷22	黑	
24	三氟甲烷	CHF_3	铝白	液化氟氯烷23	黑	
25	四氟二氯乙烷	$CClF_2—CClF_2$	铝白	液化氟氯烷114	黑	
26	五氟氯乙烷	$CF_3—ClCF_2$	铝白	液化氟氯烷115	黑	
27	三氯氟乙烷	$CH_2Cl—CF_3$	铝白	液化氟氯烷133a	黑	
28	八氟环丁烷	$（CF_2）_4$	铝白	液化氟氯烷C318	黑	
29	二氟氯乙烷	CH_3CClF_2	铝白	液化氟氯烷142b	大红	
30	1，1，1－三氟乙烷	CH_3CF_3	铝白	液化氟氯烷143a	大红	
31	1，1－二氟乙烷	CH_3CHF_2	铝白	液化氟氯烷152a	大红	
32	甲烷	CH_4	棕	甲烷	白	P=20 MPa，淡黄色单环 P=30 MPa，淡黄色双环
33	天然气		棕	天然气	白	
34	乙烷	CH_3CH_3	棕	液化乙烷	白	P=15 MPa，淡黄色单环 P=20 MPa，淡黄色双环

续 表

序号	充装气体名称	化学式	瓶色	字样	字色	色环
35	丙烷	$CH_3CH_2CH_3$	棕	液化丙烷	白	
36	环丙烷	$(CH_2)_3$	棕	液化环丙烷	白	
37	丁烷	$CH_3CH_2CH_2CH_3$	棕	液化丁烷	白	
38	异丁烷	$(CH_3)_3CH$	棕	液化异丁烷	白	
39	工业用液化石油气		棕	液化石油气	白	
40	民用液化石油气		棕	液化石油气	淡黄	
41	乙烯	$CH_2{=}CH_2$	棕	液化乙烯	淡黄	$P{=}15$ MPa，白色单环 $P{=}20$ MPa，白色双环
42	丙烯	$CH_3CH{=}CH_2$	棕	液化丙烯	淡黄	
43	1-丁烯	$CH_3CH_2CH{=}CH_2$	棕	液化丁烯	淡黄	
44	2-丁烯(顺)		棕	液化顺丁烯	淡黄	
45	2-丁烯(反)		棕	液化反丁烯	淡黄	
46	异丁烯	$(CH_3)_2C{=}CH_2$	棕	液化异丁烯	淡黄	
47	1,3-丁二烯	$CH_2{=}(CH)_2{=}CH_2$	棕	液化丁二烯	淡黄	
48	氩	Ar	银灰	氩	深绿	
49	氦	He	银灰	氦	淡黄	$P{=}20$ MPa，白色单环 $P{=}30$ MPa，白色双环
50	氖	Ne	银灰	氖	深绿	
51	氪	Kr	银灰	氪	深绿	
52	氙	Xe	银灰	氙	黑	
53	三氟化硼	BF_3	银灰	氟化硼	黑	
54	一氧化二氮	N_2O	银灰	液化笑气	黑	$P{=}15$ MPa，深绿色单环
55	六氟化硫	SF_6	银灰	液化六氟化硫	黑	$P{=}12.5$ MPa，深绿色单环
56	二氧化硫	SO_2	银灰	液化二氧化硫	黑	

序号	充装气体名称	化学式	瓶色	字样	字色	色环
57	三氯化硼	BCl_3	银灰	液化三氯化硼	黑	
58	氟化氢	HF	银灰	液化氟化氢	黑	
59	氯化氢	HCl	银灰	液化氯化氢	黑	
60	溴化氢	HBr	银灰	液化溴化氢	黑	
61	六氟丙烯	$CF_3CF{=}CF_2$	银灰	液化六氟丙烯	黑	
62	硫酰氟	SO_2F_2	银灰	液化硫酰氟	黑	
63	氘	D_2	银灰	氘	大红	
64	一氧化碳	CO	银灰	一氧化碳	大红	
65	氟乙烯	$CH_2{=}CHF$	银灰	液化氟乙烯	大红	
66	1，1－二氟乙烯	$CH_2{=}CF_2$	银灰	液化二氟乙烯	大红	$P{=}12.5$ MPa，淡黄色单环
67	甲硅烷	SiH_4	银灰	液化甲硅烷	大红	
68	氯甲烷	CH_3Cl	银灰	液化氯甲烷	大红	
69	溴甲烷	CH_3Br	银灰	液化溴甲烷	大红	
70	氯乙烷	C_2H_5Cl	银灰	液化氯乙烷	大红	
71	氯乙烯	$CH_2{=}CHCl$	银灰	液化氯乙烯	大红	
72	三氟氯乙烯	$CF_2{=}CClF$	银灰	液化三氟氯乙烯	大红	
73	溴乙烯	$CH_2{=}CHBr$	银灰	液化溴乙烯	大红	
74	甲胺	CH_3NH_2	银灰	液化甲胺	大红	
75	二甲胺	$(CH_3)_2NH$	银灰	液化二甲胺	大红	
76	三甲胺	$(CH_3)_3N$	银灰	液化三甲胺	大红	
77	乙胺	$C_2H_5NH_2$	银灰	液化乙胺	大红	
78	二甲醚	CH_3OCH_3	银灰	液化二甲醚	大红	
79	甲基乙烯基醚	$CH_2{=}CHOCH_3$	银灰	液化甲基乙烯基醚	大红	
80	环氧乙烷	$H_2C{-}CH_2$(O)	银灰	液化环氧乙烷	大红	
81	甲硫醇	CH_3SH_2	银灰	液化甲硫醇	大红	
82	硫化氢	H_2S	银灰	液化硫化氢	大红	

注：1. 色环栏内 P 是气瓶的公称工作压力，MPa。
　　2. 序号39，民用液化石油气瓶上的字样应排成两行。"家用燃料"居中的下方为（LPG）。

4. 几种特殊气体的性质和安全

（1）乙炔

乙炔是易燃易爆的气体。电石制的乙炔因混有硫化氢、磷化氢或砷化氢而带有

90

特殊的臭味。其熔点、沸点、闪点、自燃点分别为 -84 ℃、-80.8 ℃、-17.78 ℃、305 ℃。在空气中的爆炸极限（体积分数）为 2.3% ~ 72.3%。在液态和固态或在气态和一定压力下有猛烈爆炸的危险，受热、震动、电火花等因素都可引发爆炸。含有 7% ~ 13% 乙炔的乙炔—空气混合气，或含有 30% 乙炔的乙炔—氧气混合气最易发生爆炸。乙炔若与强氧化性化合物（如氯、次氯酸盐等）相混合也极易引发燃烧和爆炸。

注意事项：

a. 乙炔气瓶在使用、运输、贮存时，环境温度需低于 40 ℃。

b. 乙炔瓶的漆色必须保持完好，不可随意涂改。

c. 乙炔气瓶在使用时必须装设专用减压器、回火防止器，操作前必须保证这两项设备完好，否则严禁使用，开启时，操作者应站在阀门的侧后方且动作需轻缓。

d. 使用压力不得高于 0.05 MPa，输气流应控制在 1.5 ~ 2.0 m³/h。

e. 使用过程中需轻拿轻放，并注意固定以防倾倒，且禁止卧倒使用，对于已经卧倒的乙炔瓶，绝不可直接使用，必须扶正且静置 15 分钟，再接减压器使用。

f. 乙炔气瓶需存放在阴凉、通风的地方。使用时应装上回闪阻止器，还要注意防止气体回缩。若乙炔气瓶出现发热现象，表明内部的气体已产生变化（分解），需迅速关闭气阀，并用水给瓶体降温，同时将其移至空旷、安全且远离人群的地带进行处理。此外，乙炔燃烧时绝不可用四氯化碳灭火。

泄露应急处理：一旦发生泄漏，所有人员应快速撤退至上风处，在泄露区周边还用采取隔离措施并拉起警戒线，以切断火源，防止人员误入。应急处理人员宜戴自给正压式呼吸器，穿防静电工作服。尽可能切断泄露源。合理通风，加速扩散。使用喷雾状水稀释、溶解，并构筑围堤（或挖深坑）收容废水。若条件允许，还可将已漏出气体用排风机送至空旷地带或装设合适的喷头将其引燃烧尽。对于发生漏气的容器需妥善处理，待修复、检验后才可再次使用。

（2）氢气

氢气的密度小，易泄漏，且扩散快易与其他气体混合。氢气与空气混合气的爆炸极限：空气中含量为 18.3% ~ 59.0%（体积比），此时，极易引起自燃自爆，燃烧速度约为 2.7 m/s。

注意事项：

a. 室内必须通风良好，保证空气中氢气最高含量不超过体积比的 1%。室内换气保证每小时 3 次及以上，局部通风换气每小时至少 7 次。

b. 与明火或普通电器设备应保持 10 m 以上的安全距离，使用无火花的工具，设有防止静电积累以及有效导除静电的措施，穿戴不易产生静电的衣物。现场还应配齐、备足消防设备。

c. 氢气瓶与盛有易燃、易爆物质及氧化性气体的容器和气瓶备应保持 8 m 以上的安全距离，宜单独存放于室外的专用库房，且旋紧气瓶阀门，以确保安全。

d. 禁止敲击、碰撞，远离热源。

e. 必须使用专用的氢气减压阀，开启气瓶时，操作者应站在阀口的侧后方，动作要轻缓。

f. 阀门或减压阀泄露时，不得继续使用；确需更换阀门时，需在瓶内压力完全消除后再进行。

g. 瓶内气体不得用尽，至少应保留 2 MPa 的余压。

（3）氧气

氧气是一种很强的助燃性气体，在高温下，没有杂质的氧非常活跃；温度不变而压力增加时，可与油类发生急剧的化学反应，并引起发热自燃，进而产生强烈爆炸。因此，氧气瓶的使用和存储应远离油类物质，且不可让任何可燃气体混入其中；禁止用（或误用）盛其他可燃性气体的气瓶来充灌氧气。此外，氧气瓶需存放于阴暗处，不可让阳光暴晒。

（4）氧化亚氮（笑气）

氧化亚氮具有麻醉兴奋作用，受热时可分解成氧和氮的混合物，如遇可燃性气体即可与此混合物中的氧化合燃烧。

5. 气体检漏方法

（1）感官法

感官法主要是借助听觉和嗅觉来完成。若听到钢瓶发出"嘶嘶"的声音或者嗅到有强烈刺激性臭味或异味，即可定为漏气。这种判断方法简单易行，但使用较为局限，明显不适用于有毒气体、带有麻醉性的气体和某些易燃气体的检查。

（2）涂抹法

涂抹法是将肥皂水涂抹在气瓶检漏处，若有气泡产生，则可判定为漏气。此法使用较普遍，准确性高，但不可用于氧气气瓶的检查，以防肥皂水中的油脂与氧接触而引发剧烈的氧化。

（3）气球膨胀法

气球膨胀法即用软胶管套在气瓶的出气口上，另一端连接气球，若气球膨胀，则说明有漏气现象。这一方法比较适合剧毒气体和易燃气体的检漏。

（4）化学法

化学法的原理是将某些特定的化学药品放置于检漏处，若此药品与气瓶内部的气体接触后可产生化学变化，即可判定为漏气。如在检查液氨钢瓶是否漏气时，可将湿润的石蕊试纸靠近漏气点，若试纸由红色变成蓝色，则说明漏气。此法仅适用于一些剧毒气体的检漏。

（5）气体报警装置

在实验室中，若将气瓶集中存放不仅可以节省空间，也可以减少成本，但必须安装一个气体泄漏报警 / 易燃气体探头，一旦气瓶房内气体泄漏，感应探头可迅速将信号传至中心实验室的液晶显示屏，并发出警报，如此便可及时发现问题、处理问题。此外，还可以安装低压报警装置，以便实时监控气体剩余量以及气瓶压力，确保实验室气体的持续供应。

二、钢瓶使用的注意事项

（1）在移动钢瓶时，应装上防震垫圈，旋紧安全帽，以防意外转动，减少其磕碰。搬运充装有气体的气瓶时，最好用特制的担架或小推车，也可以用手平抬或垂直转动。在移动气瓶时，严禁用手拿着开关阀。

（2）钢瓶应存放在阴凉、干燥、远离热源（如阳光、暖气、炉火）处。高压气体容器最好存放在室外，并严防太阳暴晒。可燃性气体钢瓶必须与氧气钢瓶分开存放。互相接触后可引起燃烧、爆炸气体的气瓶（如氢气瓶和氧气瓶），不可存放在一处，也不能与其他易燃易爆物品混合存放。钢瓶直立放置时要固定稳妥；需远离热源，避免暴晒和强烈振动；一般在实验室内最多可存放两个气瓶。

（3）严禁将油或其他易燃性有机物沾在气瓶上（特别是气门嘴和减压阀）。也不得用棉、麻等物堵漏，以防燃烧引发安全事故。

（4）使用钢瓶中的气体时，要用减压阀（气压表）。减压阀（气压表）中易燃气体一般是左旋开启，其他为右旋开启。各种气体的减压阀（气压表）、导管不得混用，以防爆炸。不可将钢瓶内的气体全部用完，必须保证残留压力（减压阀表压）高于 0.05 MPa。可燃性气体如 C_2H_2 应剩余 0.2 ～ 0.3 MPa（约 2 ～ 3 kg/cm² 表压）。乙炔压力低于 0.5 MPa 时，应立即更换，防止钢瓶中丙酮沿着管路流进火焰，致使火焰不稳，噪声加大，并造成乙炔管路污染堵塞。H_2 应保留 2 MPa，以防重新充气时发生危险，切忌用尽。

（5）乙炔管道严禁使用紫铜材料制造，否则会形成具有引爆功能的乙炔铜。

（6）开、关减压器和开关阀时，动作要求轻缓；使用时应先旋动开关阀，后开减压器；使用完毕后，首先应关闭开关阀，待余气放尽后，再关减压器。开瓶时阀门不可充分打开，乙炔瓶旋开不应超过 1.5 转，以防丙酮流出。

（7）使用高压气瓶时，操作人员应站在与气瓶接口处垂直的位置上。操作时严禁敲打撞击，并经常检查有无漏气，注意压力表读数。

（8）氧气瓶或氢气瓶等，应配备专用工具，并严禁与油类接触。操作人员不能穿戴沾有各种油脂或易产生静电的服装、手套操作，以免引起燃烧或爆炸。可燃性气体和助燃气体气瓶，需和火源保持 10 m 以上的间距（若难以满足时，可采取有效的隔离措施）。

（9）为防止因弄混气瓶而用错气体，可在气瓶外表喷上特定的颜色，并写清楚气体名称，以此对各类气体加以区分。

（10）容器吊起搬运时，不得用电磁铁、吊链、绳子等直接吊运。

（11）气瓶远距离移动尽量使用手推车，务求安稳直立。

（12）各种气瓶必须定期进行技术检查。充装一般气体的气瓶三年检验一次；如在使用中发现有严重腐蚀或严重损伤的，应提前进行检验。气瓶瓶体有缺陷、安全附件不全或已损坏，等等，此类存在安全隐患的气瓶，严禁继续使用，应送交有关单位检查，确认合格后方可继续使用。

三、气瓶危险性警示标签

根据 GB 16804—2011，警示标签由面签和底签两个部分组成。

1. 面签

面签上印有图形符号，用以表明气瓶的危险特性。无论瓶内气体具有几种危险特性，每一种特性均应用面签标识出来，且按照其主要到次要危险性，从由左往右或自上往下依次排列。面签的基本排列见图 5-1，也可采用其他类似的排列，但代表主要危险性的面签一定要放在更为醒目的位置。标签的材质有一定讲究，需使用耐潮湿、耐热、耐用的不干胶纸印刷。面签的形状为菱形，其尺寸及形状见表 5-3 和表 5-4。

表5-3 面签的参数

气瓶外径（D）/mm	面签边长（a）/mm
D<75	10
75 ≤ D<180	15
D ≥ 180	25

表5-4 瓶装气体危险特性警示标志

气体特性	危险性	说明底色	面签
易燃	易燃气体	红	
永久或液化气体，不易燃，无毒		绿	
氧化性	氧化剂	黄	
毒性	有毒气体	白	
腐蚀性	腐蚀性气体	标签上半部为白色，下半部为黑色	

2. 底签

底签上印有瓶装气体的名称及化学分子式等文字，并在其上粘贴面签。面签和底签可整体印刷，也可分别制作，然后贴在气瓶上。

底签的尺寸取决于面签的数量、大小及底签上的文字数量。其长度方向最大尺寸可根据需要，按面签边长的倍数选择 5a、6a 或 7a（"a"为边长）；底签的基本形状如图 5-1 所示，也可制作成矩形或曲边矩形。

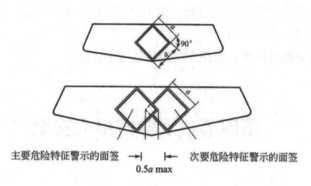

主要危险特征警示的面签 ← | → 次要危险特征警示的面签

0.5a max

图 5-1 面签和底签的形状、尺寸及位置

底签的颜色为白色,将表 5-4 中所规定的符号、颜色及文字印在面签上。面签上的文字和符号需清晰可见、易于识别。面签上的符号为黑色,文字为黑色印刷体;但对腐蚀性气体,其文字说明"腐蚀性"应以白色字印在面签的黑底上。每个面签上有一条黑色边线,该线画在边缘内侧,距边缘 0.05a。底签上文字同样需保证清晰可见、易于识别,字色为黑色。

底签上必须涵盖的内容包括:①对单一气体,应有化学名称及分子式;②对混合气体,应有导致危险性的主要成分的化学名称及分子式。如果主要成分的化学名称或分子式已被标识在气瓶的其他地方,也可只在底签上印上通用术语或商品名称;③气瓶及瓶内充装的气体在运输、储存及使用上应遵守的其他说明及警示;④气瓶充装单位的名称、地址、邮政编码、电话号码。几种警示标签的示例如图 5-2 所示。

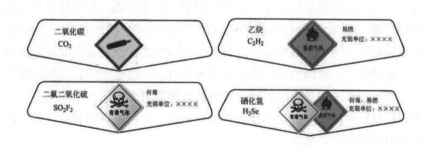

图 5-2 示例

3. 警示标签的应用

(1)标签的粘贴和更换全权由气瓶充装单位负责。每只气瓶在第一次充装时就应当粘贴标签。一旦发现标签掉落或有破损时,充装单位应及时补贴或更换标签。

(2)标签应牢固地粘贴在气瓶上,不可被其他标签或物件所遮盖。标签不可折叠,面签和底签应粘贴在一起。对采用集束方式使用的气瓶及采用木箱运输的小型气瓶,不仅其气瓶外部需按规定贴好标签,其外包装也需以相似的方法进行标识,可将标签直接贴于外部或借助一个硬纸板(或木板),先将标签贴于板上,再将它固定于包装箱上。在气瓶的使用期内标签应保持完整无缺、清晰可见。

（3）标签应优先粘贴在瓶肩处，但不可覆盖任何钢印标志。也可将其粘贴在从瓶底至瓶阀或瓶帽大约2/3处。

（4）如需更换新标签，必须先将旧标签完全去除。

第四节　实验室用火安全

一、实验室引起火灾的原因

1.易燃易爆危险品引起火灾

在各类实验活动中，对于化学危险物品的使用总是无可避免地，且使用频繁，品类复杂。此类物品大多性质活泼，稳定性差，有的易燃，有的易爆，有的可自燃，有的互不相容，有的一旦相接触或是稍有摩擦碰撞即可迅速燃烧或爆炸，因而在危险品的使用、运输与存储中一定要小心谨慎，避免引发火灾事故。

2.明火加热设备引起火灾

实验室里常使用煤气灯、酒精灯、电烘箱、电炉等加热设备和器具，此类器材的使用无疑提高了实验室火灾发生的概率。煤气灯加热时，若有煤气泄漏出来，易与空气形成爆炸性混合物。酒精易挥发、易燃，其蒸气在空气中可爆炸。电烘箱在长时间运行过后，易出现控制系统故障，发热量增多，温度升高，造成被烘烤物质或烘箱附近可燃物自燃。譬如，某学院在使用电烘箱时突然停电，因此忽略了未关闭的电源，待供电正常后烘箱持续工作数小时也未有人发现，加之控温设备失灵，以致烘箱附近的可燃物质都被烘燃，从而造成一场重大火灾事故。加热电炉的火灾原因在于：被加热物料外溢的可燃蒸气接触热电阻丝；或容器破裂后可燃物落在电阻丝上；或绝缘破坏、受潮后线路短路或接点接触不良，产生电火花，引起可燃物着火。其中高温电炉的热源极易引燃周围的可燃物。

3.违反操作规程引起火灾

化学实验室经常进行的蒸馏、萃取、化学反应等典型操作，都具备很高的危险性。若操作者经验不足，实验前未做充分准备，操作不熟练或违反操作规则，不听劝阻或未经批准擅自操作等，均易诱发火灾爆炸事故。

4.电气火花

电气火花主要是由短路、过载、接触不良等现象所引起的。

（1）电气设备、电气线路必须保证绝缘良好，特别是防止生产场所高温管道烫伤电缆绝缘外层，防止发生短路；电缆线应穿管保护防止破损；生产现场电器检修时应断开电源，防止发生短路。

（2）合理配置负载，禁止乱接、乱拉电源线。保持机械设备润滑、消除运转故障，避免电机过载。

（3）经常检查导线连接、开关、触点，发现松动、发热应及时紧固或修理。

（4）使用易燃溶剂的场所应按照危险特性使用防爆电器（含仪表），防爆电器应符合规定级别，其安装也应符合要求。有时防爆电器密封件松动、绝缘层腐蚀或破损等，仍存在不易被发现的电气火花，这也是引发有机溶剂、可燃气体火灾、爆炸事故的一大主因。

5. 静电火花

当电阻率较高的有机溶剂在流动中与器壁发生摩擦或溶剂的各流动层之间相互摩擦，由于存在电子得失产生静电积聚，当积聚的电量形成一定的高压时就会放电产生火花。有机溶剂输送流动中流速过快可能产生静电积聚和高压放电；反应设备内部有机溶剂及物料搅拌转速过快过激烈易产生静电积聚和高压放电；有机溶剂与有机绝缘材质的管道、容器、设备之间特别容易发生静电积聚和高压放电；有机溶剂进料时从上口进入容器设备冲击容器底部或液面时很容易发生静电积聚和高压放电；含有机溶剂的物料采用化纤材料过滤时施压过大易发生静电积聚和高压放电；皮带传动设备的皮带上容易发生静电积聚和高压放电；离心机刹车制动过猛可能发生静电积聚和高压放电；作业人员穿化纤、羊毛、丝绸类服装容易发生静电积聚和高压放电。

实验中预防静电的措施如下。

（1）尽量使用不易产生静电的溶剂，从源头上解决问题。

（2）可以采用增加溶剂的含水量或增添抗静电添加剂，如无机盐表面活性剂等方法，使溶剂的电阻率降低到 106 ～ 108 Ω·cm 以下，有利于将产生的静电导出。

（3）静电接地法是化工生产过程中运用最普遍，也是最为重要的防静电措施。所有金属设备、容器、管道、构架都可以通过静电接地措施及时消除带电导体表面的静电积聚，但此方法对非导电体无效。

（4）在容易引起火灾、爆炸的危险场所，人体产生的静电同样不能小觑。操作人员应避免穿易产生静电或不易导出静电的衣物，全身上下的衣物从帽子到鞋最好都穿戴有防静电功能的。操作间也应设人体接地棒，开始工作前所有操作人员都应赤手接触人体接地棒以导出体内静电。人体在行动中产生的静电需要通过地面导出，因此操作间地面应具有一定的导电性或洒水使地面湿润增加导电性，且此处地面通常不使用环氧树脂材料，若确需使用应添加适量的导电物质。

化学实验室经常处理具有潜在危险的物质，化学实验中的有机溶剂几乎都具有易燃易爆的属性。在实验室的多发事故中，火灾发生的频率最大。因此，实验室必须采取恰当的防火安全措施，以减少或消除火灾事故的产生。

二、一级试剂的管理

一级试剂是指闪点低于 25 ℃的试剂，如醚、甲醇、石油醚等（闪点是指可燃液体的蒸汽与空气形成混合物后和火焰接触时闪火的最低温度）。实验室的火焰口装置必须与此类试剂保持安全距离或采取有效隔离措施，当实验室中存放着较多一级试剂时，应作出明显标识，如贴"严禁火种""严禁吸烟"等标志。放置该类试剂的场所，不可有煤气灯、酒精灯及有电火花产生的任何电气设备，室内应有通风装置。使用一级试剂或进行产生有毒有害气体的实验时，应远离火源，在通风橱内进行（需由防火阻燃材料制成）。一级试剂需保存在阴凉通风的地方，且容器口必须密封。

三、危险品库的管理

实验操作室内只可存放少量实验所需的试剂或有机溶剂，不可贮存大量的化学危险品，此类物品应放置于专用或特质的库房中。危险品库内不准进行实验工作，不得穿带钉子的鞋入内。危险品库应由专人保管，保管人员须经常检查在库危险品储存情况，发现泄漏及时处理。库内严禁吸烟，禁止明火照明。废旧包装不得在库内存放。危险品的搬运和使用应当轻拿轻放，禁止扔、倾倒、碰撞。

四、实验过程中的防火安全

实验室内应当严防电火花的产生，为此需做到如下几点。

（1）所有电气开关、电插座等必须密封，使电火花与外部空气隔绝。

（2）冰箱内禁止存放无盖的试剂。

（3）在实验室内，未经相关人员批准不可使用明火设备，且严禁吸烟。

（4）自燃物质应存放在防火、防爆贮存室内。

（5）日光能直射进房间的实验室必须备有窗帘，日光能照射的区域内不放置加热时易挥发、燃烧的物质。

五、消防设施管理

（1）灭火器等消防设施应存放在实验室门口或其他醒目位置，以便于取用。

（2）实验室应配齐备足各类消防装置和用具，如紧急淋浴装置、救火用的石棉毯等。

（3）实验室的消防通道严禁堵塞，必须定期检查，实验室所有人员应掌握各种消防设施的使用方法、发生火灾时的应急措施、实验室紧急出口等。

（4）各类消防设施应有专门的人员管理，并由专人定期进行检查，检查记录和检查结果应标注在设施的醒目位置，且做好检查存档记录，以便查验。

六、实验室灭火法

实验中一旦发生火灾切不可惊慌失措，应保持镇静。首先立即切断室内一切火源和电源，然后根据实际情况选择科学、有效的挽救方法。常用的方法有：

（1）在可燃液体燃着时，应迅速将着火区域内燃点较低的物质撤走，并关闭通风器，以防火势扩大。若着火范围不大，可使用石棉布、湿布、铁片或沙土覆盖灭火。覆盖时应注意角度和力度，以免打翻其他易燃物质，加重火势。

（2）酒精及其他可溶于水的液体着火时，可用水灭火。

（3）汽油、甲苯等有机溶剂着火时，应用石棉布或土扑灭。在此类物质着火时切不可用水浇，否则不但无法灭火，反而会扩大燃烧面积。

（4）金属钠着火时，可用砂石扑灭。

（5）导线着火时不能用水及二氧化碳灭火器，应切断电源或用四氯化碳灭火器。

（6）衣物被烧着时切不可快速移动，可用棉被、大衣等包裹身体或躺在地上翻滚，以灭火。

（7）发生火灾时注意保护现场。燃烧速度极快且无法控制时，应立即呼叫且拨打火警电话。

七、灭火器及其适用范围

常用灭火器组成和使用范围总结如表 5-5 所列。

表 5-5 灭火器的种类及其适用范围

名称	成分	适用范围
泡沫灭火器	$Al_2(SO_4)_3$ 和 $NaHCO_3$	用于一般失火及油类着火，因为泡沫能导电，所以不能用于扑灭电器设备着火
四氯化碳灭火器	液态 CCl_4	用于电器设备及汽油、丙酮等火灾。四氯化碳在高温下生成剧毒的光气，不能在狭小和通风不良的实验室使用。注意四氯化碳与金属钠接触会发生爆炸
1211 灭火器	CF_2ClBr 液化气体	用于油类、有机溶剂、精密仪器、高压电气设备
二氧化碳灭火器	液态 CO_2	用于电器设备失火，不可用于水物质及有机物着火
干粉灭火器	$NaHCO_3$ 等盐类与适宜的润滑剂	用于油类、电器设备、可燃气体及遇水燃烧等物质着火

第五节　实验室试剂及使用管理

一、实验室药品试剂管理普遍存在的问题

1. 未设置试剂专库

试剂储藏室与实验准备在同一房间内，致使室内空气的相对湿度过大，药品试剂易变质失效。

2. 保管环境差

缺乏良好的通风设备，既影响药品试剂的质量，也影响工作人员的身体健康。

3. 缺乏完善的库房管理制度

药品试剂品种多，性能上也存在诸多差异，因此需要分类存放、做好标识并定期检查清理，以保证使用方便、安全，降低安全隐患，减少浪费。

4. 环保意识淡薄

对于使用完或过期的药品试剂未经过无害化处理就随意丢弃。

二、实验室药品贮存管理

化学试剂和药品是实验室必备的物品，若保存管理不当会对人类健康以及生命安全造成威胁，因此必须妥善管理。为实现实验室化学物品的规范化管理，必须做到以下几点。

1. 化学试剂、药品的贮存

（1）化学药品贮存室应符合有关安全规定，有防火、防爆等安全措施，室内应干燥、通风，室温保持在 28℃及以下，使用带有防爆属性的照明灯。

（2）化学药品贮存室应由专人保管，并有严格的账目和管理制度。

（3）室内应备有消防器材；各储存柜应装有排气装置。

（4）化学药品应按类存放，特别是化学危险品应按其特性单独存放。

（5）库房底层地面应为水泥或枕木地板，以利防潮；顶层板面须设隔热装置；试剂、药品货垛与库房地面、墙壁、顶棚、散热器之间应有相应的间距或隔离措施，设置足够宽度的货物通道，防止库内设施对试剂、药品质量产生影响，保证库房和养护管理工作的有效开展

2. 化学试液的管理

（1）装有试液的试剂瓶应放在药品柜内，放在架上的试剂和溶液应注意隔热、避光。

（2）试液瓶附近勿放置发热设备，如电炉、酒精灯等。

（3）试液瓶内液面上的内壁出现水珠凝结现象时，在使用前应充分摇匀。

（4）取用试液后应随手盖好瓶塞，不可让其敞口暴露在空气中。

（5）吸取试液的吸管应预先清洁并晾干。同时取用相同容器盛装的几种试液需防止瓶塞盖错造成交叉污染。

（6）已经变质、污染或失效的试液应及时处置，重新配制。

3. 危险品安全保管

（1）实验用化学危险药品必须储存在专用室或柜内，不得和普通试剂混存或随意堆放，还应依据它们的危险特性，分开存放。

（2）化学危险药品室、柜，必须有专人管理。管理人员需认真、负责，懂得各种化学药品的危险特性，具有一定的防护知识。

（3）化学危险品室要配备相应的消防设施，如灭火器、隔离工具等，专管人员需定期检查。

（4）定期检查危险化学品的包装、标签、状态、使用期限等，并仔细核对库存量，保证账物相符。

（5）对于带有危险性的药品，其遗弃废液、废渣应及时收集，妥善处理，严禁存放在实验室内或乱丢、乱倒。

（6）危险试剂的管理和使用方面如出现问题，除采取措施迅速排除外，必须及时且如实向上级管理者汇报，不可谎报或瞒报。

三、实验室应实施七项管理原则

实验室是实践教学的重要场所，在师生的教育与学习中扮演着重要角色，因此其管理必须严格规范，具体应实施以下七项原则。

1. 专人、专库、专柜管理原则

设定具有相应专业水平、管理水平和高度责任心的专职管理人员，从事药品试剂的保管工作，管理人员必须熟悉药品试剂的性能、用途、保存期、贮存条件等。设立独立、朝北的房间作为储藏室。室内应悬挂窗帘，避免阳光直射（室温过高易导致试剂分解失效），还需安装通风换气设备，但无须设置水池，以确保室内空气干燥。试剂盛放柜应制成阶梯状，由上往下逐次编序，并安装有色玻璃。对于计划盛放特殊试剂的柜架，应选用耐腐蚀或具有屏蔽作用材料做成的各小柜的组合体，并保证其密封性，以便于特殊试剂的隔离存放。

2. 分类保管的原则

合理的系统分类，是良好的规范化管理的必要保证。将所有试剂分类依其名称、规格、厂家、批号、包装、性能、储存量以及储存位置一一登记造册、编号，并建立查找方式。药品柜贴上本柜贮存的药品目录，方便取用。试剂的一般分类、存放方法见下表5-6。

表5-6 试剂的分类和存放

分类		存放、排列方法
无机物	盐及氧化物：钠盐、钾盐、钙盐等	一般按元素周期表排列
	碱类：氢氧化钠、氢氧化钾等	
	酸类：硫酸、盐酸、硝酸等	
有机物	烃类、醇类、酚类、醛类、酮类等	按官能团分类排列
	酸碱指示剂、氧化还原类指示剂、络合滴定指示剂、荧光指示剂、染料等	依序摆放
	有机试剂	按测定对象或官能团分类
	生物染色素	按红橙黄绿青蓝紫顺序摆放

液体试剂盒和固体试剂应分柜存放；强酸与强碱、氨水分开存放；过氧化氢及过氧化物应存放在阴凉的地方；液体试剂多是具有强氧化性或强腐蚀性、易燃的危险品，应严格按照危险品储存与管理规定执行，具体见下表5-7。

表5-7 常见危险品分类及保存条件要求

分类	常见品种	保存条件要求
易燃易爆品	苯、乙醚、氯酸钾、苦味酸、乙酸丙酯、硝化甘油、丙酮等	远离热源、氧化剂及氧化性酸类，室温不得超过28℃将试剂柜铺上干燥的黄沙
剧毒化学品	氰化物、碘甲烷、硫酸二甲酯、铊、硫酸三乙基锡等	严格遵守《五双管理制度》
强腐蚀剂	硝酸、硫酸、盐酸、氢氧化钠、二乙醇胺、酚类、五氧化二磷等	贮存容器按不同腐蚀性合理选用；存入用耐腐蚀材料制成的试剂柜；遇水易分解的副食品包装必须严密，并存储在干燥的储藏室内；酸类应与氰化物、遇水燃烧品、氧化剂等远离
放射性物品	夜光粉、铈钠复盐、发光剂、医用同位素 P-32、硝酸钍等	储藏室应平坦；存入用具有屏蔽作用材料制成的试剂柜；远离其他危险品；包装不得破损、不得有放射性污染；存过放射性物品的地方应在专业人员的监督指导下进行彻底的清洁，否则不得存放其他物品

其中，针对化学品的详细分类和管理可参照应急管理部等多部门联合颁发的《危险化学品名录（2015 版）》，和早期颁布的《剧毒化学品名录（2012 版）》。

3. 先出先用原则

根据出厂日期和保质期，先出厂的或即将到达保质期的药品、试剂应先用，以免过期失效，造成浪费。

4. 定期查、报原则

查看储藏室内试剂保存环境的条件是否合格，如有变化，立刻采取措施；查看试剂的瓶签，若发现残破或不清晰的，应立即将其详细信息补写好；检查内外包装，如有破损，立即采取弥补措施；查验试剂质量，如有失效，应立刻清理出柜；查看库存量，决定采购与否。

5. 出入库登记原则

设立试剂入账本和出账本，做好领用登记。

6. 危险品"五双管"原则

双人保管；双人收发；双人领料；双本账；双锁。

7. 注意环保原则

管理人员应具有强烈的环保意识以及相应的环保知识，对失效、变质的试剂应集中存放，小心保管，尽快由专业人员或在专业人员指导下进行无害处理，切不可将未经处理的药品试剂，随意丢入垃圾箱或冲入下水道，以免对环境造成污染或引发意外事故。

四、化学试剂的取用

1. 固体试剂的取用

固体粉末或小颗粒药品的取用可使用药匙，取用块状药品应用镊子；若需取用定量药品，须在天平上称量且应把药品置于纸上，易潮解或具有腐蚀性的药品应放于表面皿或玻璃容器内称量；取用药品应按量取用，取出过量的药剂切不可返回原瓶，应装入其他指定容器备作他用，以免污染整瓶药品；药品取出后应迅速盖上瓶塞。另外，在向试管内加药品时，应把药品放在对折的纸片上，再将纸片放入试管的2/3处，方可倒入药品；当加入块状固体时，应将试管倾斜，使药品沿管壁缓缓下滑，以防试管底部被固体击破。

2. 液体试剂的取用

应采用倾注法，即先将瓶盖取下，反放在实验台上；再左手持容器，右手拿试剂瓶贴标签的一侧，慢慢倾斜试剂瓶，让试剂溶液沿试管壁或玻璃棒注入所需的容量，随即将试剂瓶口在容器口上靠一下，再立起试剂瓶，以免残留瓶口的液滴流到瓶的外壁上；在用滴瓶取用药品时，要使用滴瓶配套的滴管，用后放回原试剂瓶中。

3. 部分特殊试剂的保管与取用

（1）黄磷应浸于水中密闭保存，用镊子夹取后宜用小刀分切。

（2）钠、钾浸入无水煤油保存，宜用小刀分切。

（3）汞应低温密闭保存，宜用滴管吸取。如撒落在桌面，可用硫黄粉覆盖。

（4）溴水应低温密闭保存，宜用移液管吸取，以防中毒与灼燃。

（5）过氧化氢、硝酸银、碘化钾、浓硝酸、苯酚等应装在棕色瓶中，避光保存。

五、化学试剂存储期间的检查

在存储期间，化学试剂往往会因内部因素（如化学成分、结构特点）和外部因素（温度、湿度、通风性、光照等）的综合作用，而产生质量的变化。为保证试剂储存期间的质量与安全，使用者应当熟悉各类试剂的化学成分、结构和理化性质，掌握试剂存储的规律，并采取科学的存储手段。

试剂在存储时还需定期检查，检查内容包括：外包装是否完好、标签有无脱落以及字迹图案是否消退、室内温度和湿度是否适宜等。一旦发现问题，应及时、妥善处理，切实把好质量关，保证试剂的质量和安全。

六、有机类试剂管理和使用方法

有机试剂是一类重要的化学试剂，品种繁多、分类复杂，所以其管理和使用需特别注意。

1. 有机溶剂存在的潜在危险

（1）大多为易燃物质，遇到明火极易引发火灾。

（2）大多具有较低的闪点和极低的引燃能量，在常温或较低的操作温度条件下也极易被点燃。

（3）大多具有较宽的爆炸极限范围，与空气混合后很容易发生火灾、爆炸。

（4）大多具有较低的沸点，因此具有较强的挥发性，易散发可燃性气体，形成燃烧、爆炸的基本条件。

（5）大多具有较低的介电常数或较高的电阻率，这些溶剂在流动中容易产生静电积聚，当静电荷积聚到一定的程度则会产生放电、火花，引发火灾、爆炸。

（6）大多对人体具有较高的毒害性，当发生泄漏、流失或火灾爆炸扩散后还会导致严重中毒事故。

（7）少数溶剂如乙醚、异丙醇、四氢呋喃、二氧六环等，在保存中一旦接触空气便会生成过氧化物，后期使用过程中待温度升高后将引发自行爆炸现象。

1. 有机溶剂使用过程中的主要安全对策措施

（1）科学优化实验流程

在试验阶段，必须全面了解溶剂的安全性能，对各类试剂进行比较并合理选择，以此不断优化实验。对于易燃溶剂、高沸点溶剂、电阻率较大的溶剂、剧毒或毒性较强的溶剂，可分别挑选不燃或不易燃的有机溶剂、低沸点溶剂、较小电阻率溶剂、无毒或毒性较弱的溶剂来替代，并在使用中严格把控好量。通过前期这一安全试验工作，有利于从本质上消除或降低溶剂的危险、危害性。

（2）加强通风换气

为保证易燃、易爆、有毒溶剂泄漏的气体在实验环境中低于爆炸、中毒的临界浓度值，整个实验应尽量在通风橱中完成。

（3）惰性气体保护

由于大多数可燃有机溶剂的沸点较低，在常温或反应温度条件下都有较大的挥发性，与空气混合容易形成爆炸性混合物并达到爆炸极限。因此，向储存容器和反应装置中持续地充入惰性气体（氮气、二氧化碳等），可以降低容器和装置内氧气的含量，避免达到爆炸极限，减少引发爆炸的隐患。当判定火灾事故是由有机溶剂引发时，也可用惰性气体进行隔离、灭火。

（4）消除、控制引火源

为了防止火灾和爆炸，消除、控制引火源是切断燃烧三要素（可燃物、助燃物、引火源）的重要措施之一。引火源主要有明火、高温表面、摩擦和撞击、电气火花、静电火花和化学反应放热等。当易燃溶剂使用中存在上述引火源时会引燃溶剂形成火灾、爆炸。因此，对于易产生引火源的情况应当着重观察和把控，做到提前消除或一旦发现即消除。

（5）配备灭火器材

配备足够的灭火器材，可有效应对各类火情事故，及时脱离危险状态，保证实验室内人和物的安全。针对有机溶剂来说，一旦由其引发火灾事故时，水及酸碱式灭火器是不适用的，需用干粉灭火器、二氧化碳等灭火器灭火。

（6）及早发现、防止蔓延

为了及时掌握险情，防止事故扩大，对使用、储存易燃有机溶剂的场所应在危险部位设置可燃气体检测报警装置、火灾检测报警装置、高低液位检测报警装置、压力和温度超限报警装置等。通过声、光、色报警信号警告操作人员及时采取措施，及时消除隐患。

七、生物化学实验中常用有毒物质

1. 溴化乙啶

"DNA 的琼脂糖凝胶电泳"是生物化学实验中的基础型实验。"质粒 DNA 的分离、纯化和鉴定"属综合性实验。上述实验均涉及 DNA 的提纯及鉴定，实验中会使用高度灵敏的荧光染色剂溴化乙啶（Ethidiumbromide，EB）对 DNA 进行染色，化学结构如图 5-3 所示。EB 是强诱变剂，具有高致癌性，温度在 65 ℃左右时易蒸发，所以在实验中要特别注意其使用安全，未按规定要求处理时不可随意丢弃，其使用及处理的主要注意事项如下。

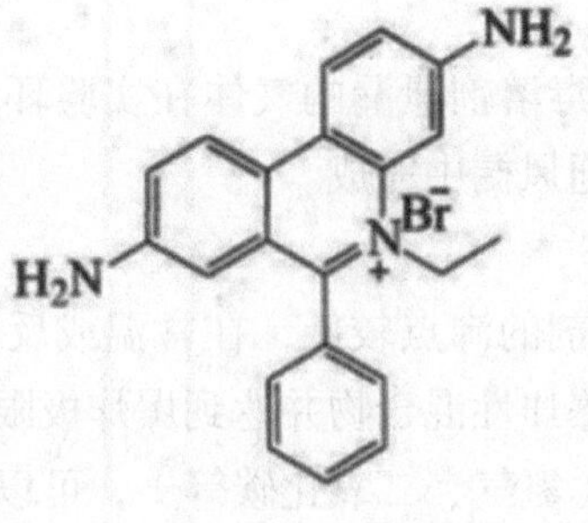

图 5-3 溴化乙啶（Ethidiumbromide，EB）化学结构

（1）使用中的注意事项

实验室涉及 EB 的操作应统一固定在实验室的某一角落，称量固体时要戴面罩和手套，使用含有 EB 的溶液务必戴上手套。同时，应提醒使用者不能在胶温度过高时加入 EB，以防止因蒸发而吸入。接触到 EB 的玻璃器皿应集中放置并专门使用，污染到 EB 的枪头、抹布、手套及 EB 染色跑完的胶，应回收至棕色的玻璃瓶中，定期焚烧处理。桌面或物体表面污染到 EB 时，可用活性炭处理。

（2）废 EB 溶液处理

EB 浓溶液（浓度高于 0.5 mg/mL）的净化处理：先将 EB 溶液用水稀释至浓度低于 0.5 mg/mL，加入 1 倍体积的 5% 次高锰酸钾，小心混匀后再加 1 倍体积的 2.5 moL/L 盐酸。小心混匀，于室温放置数小时；然后加入 1 倍体积的 2.5 moL/L 氢氧化钠，小心混匀后可丢弃该溶液，统一处理。

EB 稀溶液（浓度低于 0.5 mg/mL）的净化处理：按 1 mg/mL 的量加入活性炭，不时轻摇混匀，室温放置 1 小时；用 whatman 1 号滤纸过滤溶液，丢弃滤液并将活性炭与滤纸密封后丢弃，统一处理。

（3）EB 替代试剂

现在已有可替代 EB 的核酸染料，如 SYBR Green I 核酸染料，它耐高温，可以在化胶时加入；Gold — ViewTM 核酸染料使用方法与 EB 完全相同，在紫外透射光下双链 DNA 呈现绿色荧光，而单链 DNA 呈红色荧光。这些新型核酸染料虽然比 EB 毒性低，但价格高，灵敏度暂时还低于 EB，若条件允许，实验室可以考虑用此类材料替代 EB。

2. 聚丙烯酰胺凝胶电泳与有毒、有害物质

聚丙烯酰胺凝胶电泳在生物化学实验中是常用的实验手段，涉及蛋白质分离纯化及鉴定、蛋白质分子量及等电点测定的实验都会使用到该电泳方法，如 "聚丙烯酰胺凝胶电泳分离蛋白质" "SDS－聚丙烯酰胺凝胶电泳法测定蛋白质的相对分子量" "聚丙烯酰胺凝胶等电聚焦法测定蛋白质等电点" 等常开设的基础实验。在聚丙烯酰胺凝胶制备过程中需用到以下有毒、有害物质。

（1）丙烯酰胺

丙烯酰胺的化学结构如图 5-4 所示，具有很强的神经毒性以及生殖、发育毒性。神经毒性作用表现为周围神经退行性变化和脑中涉及学习、记忆和其他认知功能部位的退行性变化。实验还显示丙烯酰胺是一种可能致癌物。丙烯酰胺可通过皮肤吸收及呼吸道进入人体，且毒性会逐渐累积，难以从体内排出。因此，称量固体丙烯酰胺粉末和处理相关溶液时必须做好个人防护措施，如穿防护服、戴眼镜、口罩、手套等，尽量减少暴露在外的皮肤面积。当丙烯酰胺聚合为聚丙烯酰胺凝胶后便不再具备毒性，但操作时仍需谨慎，以防凝胶中留有未完全聚合的丙烯酰胺而造成伤害。

（2）亚甲基双丙烯酰胺

亚甲基双丙烯酰胺是丙烯酰胺形成凝胶的交联剂，化学结构如图 5-4 所示，因有取代基丙烯酰胺，因此具有一定的毒性，能轻微刺激眼睛、皮肤和黏膜。称量固体粉末和处理相关溶液时需戴手套和口罩，应避免与人体长时间直接接触，不小心与之碰触时需及时用清水洗净。

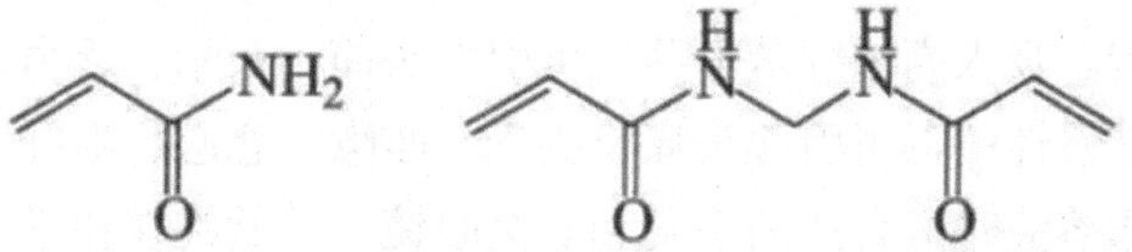

图 5-4 丙烯酰胺（左）和亚甲基双丙烯酰胺化学结构（右）

（3）四甲基乙二胺（简称 TEMED）

TEMED 是形成凝胶反应所用的加速剂，也具有强神经毒性，应谨防吸入，使用时动作要快而稳，取用结束后应快速密封。

（4）过硫酸铵

过硫酸铵是丙烯酰胺与亚甲基双丙烯酰胺进行化学聚合的引发剂，对黏膜和上呼吸道组织、眼睛和皮肤有极大危害性。吸入可致命。操作时需戴合适的手套、安全眼镜和面罩，并始终在通风橱里操作，操作完后应对双手做全面清洁。

（5）十二烷基硫酸钠（SDS）

SDS 是一种阴离子表面活性剂，与蛋白形成复合物，用于测定蛋白质分子量。SDS 有毒，是一种刺激物，可通过眼、口、鼻以及皮肤进入人体，从而损害人体健康，尤其是对于眼睛的损害程度非常大。称量及配制溶液时谨防吸入其粉末，应戴合适的手套、面罩和护目镜。

（6）巯基乙醇

巯基乙醇在测定蛋白质分子量时用于处理样品，吸入、摄入或经皮肤吸收后会致人中毒。中毒后的症状包括：发绀、呕吐、震颤、头痛、惊厥、昏迷，甚至死亡。

此外，它对眼、皮肤有强烈刺激性；对环境有危害；对水体可造成污染。所以必须在通风橱里操作，并佩戴面罩、戴乳胶手套。

3.RNA 提取与有毒、有害溶剂

"动物肝脏 RNA 的制备和纯度测定"是高校必开的基础实验课程，RNA 的提取过程需使用一些溶剂以去除蛋白质，但此类溶剂对人体具有一定的毒性。

（1）氯仿

氯仿对皮肤、眼睛、黏膜和呼吸道有刺激作用，是一种致癌剂，可损害肝和肾。它也易挥发，应避免吸入挥发的气体；操作时需戴合适的手套和安全眼镜并始终在化学通风橱里进行。

（2）异戊醇

异戊醇被吸入、口服或经皮肤吸收可产生麻醉性。其蒸气或雾对眼睛、皮肤、黏膜和呼吸道有刺激作用，可引起神经系统功能紊乱，长时间接触有麻醉作用。操作时应戴合适的手套和安全眼镜并始终在化学通风橱里进行。

（3）含水酚液

含水酚液含有苯酚，对皮肤、黏膜有强烈的腐蚀作用，可抑制中枢神经或影响肝、肾器官的正常运转。吸入高浓度苯酚蒸气可引发头痛、头晕、乏力、视物模糊、肺水肿等不良现象。其慢性中毒可引起头痛、头晕、咳嗽、恶心、呕吐。称量苯酚时应佩戴防尘口罩，操作溶液时戴合适的手套和安全眼镜，并始终在化学通风橱里进行。若皮肤不小心与之接触，应快速用大量流动清水冲洗接触部位，且不少于15分钟。实验结束后产生的含酚废液可加入次氯酸钠或漂白粉煮沸，使酚分解为二氧化碳和水后再排放。有机溶剂及实验废液等实验完成后应倒入盛放废液的容器中，然后统一回收，集中处理。

（4）其他有毒、有害物质

"氨基酸的分离与鉴定"也是生物化学的基础实验，茚三酮是检测氨基酸的常用方法，通常将其配成溶液形式再放入喷雾器中以喷雾形式使用。茚三酮，经消化道摄入和吸入都有害，对眼、呼吸系统和皮肤有刺激作用；皮肤反复接触后会引发过敏。使用中应避免吸入雾滴或蒸气；避免与眼接触；使用橡胶或塑料手套、面罩以及护目镜。生物化学实验中除上述有毒、有害物质外，还有一些物质也有一定的毒性，在使用中注意防护，如在蛋白质染色过程中用到的考马斯亮蓝，脂肪提取中用到的乙醚，鸡卵黏蛋白分离中使用的三氯乙酸等。

第六章 危险化学品安全防护基础知识

在人类文明的演进中，化学是推动其发展的强大动力之一。农药化肥、化学合成药物以及借助化学开发出的新能源新材料等极大地满足了人们的生活与生存的物质需求，此类物质均是通过各类化学反应而取得的。化学品可以被运用于生产中，从而产出各种各样有价值的东西，但在此过程中也伴随着一些不利影响，唯有熟悉化学品，尤其是危险化学品的特性，才能把控好化学品运用的全过程，发挥化学品的最大功效，减少其中的不良影响以及安全事故。从有关化学事故的报道来看，可知其中大部分事故都是因不熟悉试剂性质，操作不规范而导致的。由此可见，了解化学品基本知识是极为重要的。

第一节　化学品与危险化学品概述

目前，人类已探索到的化学物质有 1000 多万种，并且还在以逐年增长千余种的趋势发展。市面上流通的品类高达 10 万种。20 世纪中后期，全球化学品年产量约 100 万吨，但随着技术的进步、方法的成熟以及需求的增加，如今的年产量已达 4 亿吨。我国已生产和上市销售的现有化学物质约有 4.5 万种，《危险化学品目录》（2015 年版）列出了 2828 种危险化学品，剧毒化学品 140 多种。目前全国危险化学品从业单位多达数十万，从业者也有数百万人，从以上数据可见，人类与化学的关系十分紧密。在庞大的化学品家族中，危险化学品和剧毒化学品的占比很小，但自身携带的危险性以及不稳定性是绝不可轻视的。据相关数据统计，全球化学品事故和危害造成的损失每年超过 4000 亿元人民币。

我国党和政府高度重视危险化学品的安全，相继颁布了多份指导性文件，如《危险化学品安全管理条例》（中华人民共和国国务院令第 591 号）、《危险化学品目录》等，这些文件是相关企业落实危险化学品安全管理主体责任，以及有关部门实施监督管理的重要依据。此外，我国依据实际的需要还对《危险化学品目录》进行了多次修订。

一、化学品与危险化学品的定义

1. 化学品

化学品是指各种元素组成的单质、化合物和混合物，不管是天然的还是人造的都归属于化学品的范畴。

2. 危险化学品

危险化学品是指具有毒害、腐蚀、爆炸、燃烧、助燃等性质，对人体、设施、环境具有危害的剧毒化学品和其他化学品。

二、危险化学品的分类

危险化学品的分类较为复杂，因此在不同时期以及不同的文件中对其分法存在一定差异。

2010 年 5 月实施的《化学品分类和危险性公示通则》（GB 13690 — 2009），将危险化学品划分为三个条目，即理化危险类条目、健康危险类条目、环境危险类条目，各条目又分别划分成 16 类、10 类和 7 类。

2012 年 12 月实施的《危险货物分类与品名编号》（GB 6944 — 2012），将危险化学品分为 9 类。

根据联合国《全球化学品统一分类和标签制度》（GHS），我国制定了化学品危险性分类和标签规范系列标准，确立了化学品危险性 28 类的分类体系。由于《危险化学品名录》（2002 版）主要采用爆炸品、易燃液体等 8 类危险化学品的分类体系，与现行化学品危险性 28 类的分类体系有较大差异。现行《危险化学品安全管理条例》（中华人民共和国国务院令第 591 号）调整了危险化学品的定义，规定"危险化学品，是指具有毒害、腐蚀、爆炸、燃烧、助燃等性质，对人体、设施、环境具有危害的剧毒化学品和其他化学品"。2015 年发布的《危险化学品目录》中的分类是在与现行管理相衔接、平稳过渡的基础上，逐步与国际接轨。根据化学品分类和标签系列国家标准，从化学品 28 类 95 个危险类别中，选取了其中危险性较大的 81 个类别作为危险化学品，并将其划分为物理危险、健康危害和环境危害三个大项。其中物理危险项包括 16 类，分别是：爆炸品、易燃气体、气溶胶、氧化性气体、加压气体、易燃液体、易燃固体、自反应物质或混合物、自热物质和混合物、自燃液体、自燃固体、遇水放出易燃气体的物质或混合物、氧化性液体、氧化性固体、有机过氧化物、金属腐蚀物。

基于危险化学品分类方法的差异性，所以此处的划分参考了多个文件，包括《化学品分类和危险性公示通则》（GB13690 — 009）、《危险货物分类与品名编号》（GB 6944 — 2012）、《化学品分类和标签规范》（GB 30000 — 2013）及《危险化学品目录》（2015 版）等。

三、危险化学品事故

危险化学品事故多种多样，凡是在化学品生产、存储、运输以及使用过程中发生的事故均被称为化学品事故。在各类生产、科研实验室中，也时有化学品及相关事故发生。

经河北省人民政府成立的专业事故调查组调查认定，河北张家口中国化工集团盛华化工公司"11·28"（2018）爆燃事故是一起重大危险化学品爆燃责任事故。事故共致 24 人死亡、21 人受伤，造成直接经济损失高达 4000 余万元。调查组指出，事故的主要原因在于公司违反了《气柜维护检修规程》和《盛华化工公司低压湿式气柜维护检修规程》中的相关规定，未定期对车间中的 1# 氯乙烯气柜进行检修，事故发生前氯乙烯气柜就已卡顿、倾斜，存在泄漏迹象，但操作员未及时发现异常，仍按常规流程操作，从而加速了氯乙烯的扩散，使其蔓延至厂区外围，与火源接触后爆炸。

上述事故仅是众多典型危险化学品事故中的一例，但从中足可窥见危险化学品事故危害性之大。它严重威胁了社会安定与人民安宁，也极大地损害了国民经济利益，因此掌握化学物质的性质，并把控好与之相关的各个环节显得尤为重要，这也是预防危险化学品安全事故的必经之路

第二节　爆炸品与安全防护

一、爆炸品的定义与分类

凡是受到撞击、摩擦、震动、高热或其他因素的激发，能产生激烈的变化并在极短的时间内释放出大量的热和气体，同时伴有声、光等效应的物质均称为爆炸品。

爆炸品的分类方法很多，若依据其组成可划分为爆炸化合物和爆炸混合物。

爆炸化合物是具有某些特定基团的、确定结构的化合物。按其结构或具有的爆炸基团（单元结构）可分为表 6-1 所示的类别。

表6-1 爆炸化合物的类别

类别	引起爆炸的基团	爆炸化合物
乙炔类化合物	$C \equiv C$	乙炔银，乙炔汞
叠氮化合物	$N \equiv N$	叠氮铅，叠氮镁
雷酸盐类化合物	$N \equiv C$	雷汞，雷酸银
亚硝基化合物	$N \equiv O$	亚硝基乙醚，亚硝基酚
硝基化合物	$R - NO2$	三硝基甲苯，三硝基苯酚
硝酸酯类	$R - ONO2$	硝化甘油，硝化棉
氮的卤化物	$N - X$	氯化氮，溴化氮
臭氧、过氧化物	$O - O$	臭氧，过氧化氢
氧酸、过氧氯酸化合物	$O - Cl$	氯酸钾，高氯酸钾

爆炸混合物一般是由两种或两种以上爆炸组分和非爆炸组分经机械混合而成的，通常指炸药，如黑色火药、硝铵炸药等。

《危险货物品名表》（GB12268 — 2012）按运输危险性将爆炸品划分为六项，具体内容如下。

（1）整体爆炸品：具有整体爆炸危险的物质和物品，如重氮甲烷、硝酸脲、三硝基甲苯等。

（2）迸射爆炸品：具有迸射危险，但无整体爆炸危险的物质和物品，如雷管等。

（3）燃烧爆炸品：有燃烧危险并有局部爆炸危险或局部迸射危险或者两种危险都有，但无整体爆炸危险的物质和物品，如二亚硝基苯等。

（4）一般爆炸品：不呈现重大危险的物质和物品。若被引燃或引爆时，其危险辐射范围不大，通常局限在包装件内部，对外部的威胁较小，如四唑并—1—乙酸。

（5）不敏感爆炸品：有整体爆炸危险的非常不敏感的物质，性质较为稳定，在着火试验中不会爆炸。

（6）极端不敏感爆炸品：无整体爆炸危险的极端不敏感的物质。

在化学实验室，涉及的大多是易爆化合物，因此在操作与使用中一定要严格遵守有关规定，做好安全防护措施，以免引发爆炸事故。

二、易爆化合物的危险特性

1.爆炸性强

易爆化合物的特点是性质不稳定，在一定外因的诱导下，会在短时间内发生剧烈的化学反应，进而爆炸。

易爆化合物爆炸的主要特点：

（1）爆炸时反应速率快：爆炸反应通常在万分之一秒内完成。也正是因为极快的反应速率，使释放的能量在短时间内快速聚集，导致爆炸威力巨大。

（2）反应中释放大量的热：爆炸时气体产物依靠反应热通常可加热至数千摄氏度，高温高压反应产物的能量最后转化为机械能，使周围的介质受到压缩或破坏。

（3）反应中生成大量的气体：在反应热的作用下，气体急剧膨胀，但又处于定容压缩状态，所以压力可升至数十万帕斯卡。

2. 敏感度高

易爆化合物对热、火花、撞击、摩擦、冲击波等非常敏感，极易发生爆炸。

无论是何种品类或结构的爆炸品，在外界未给它提供一定能量即起爆能之前，一般不会轻易发生爆炸。而各种爆炸品所需的最小起爆能，即为其敏感度。敏感度是判定爆炸品爆炸危险性的重要标识，敏感度越高，意味着此物品的爆炸危险性也就愈大。

易爆化合物的敏感度主要由取决于两方面，一是内在因素（如组成成分、结构形式等）；二是外在因素（如温度、结晶度、湿度等）。

3. 毒害性

大部分易爆化合物本身就有一定的毒性，还有的爆炸品可在爆炸的过程中同时生成一些有毒或窒息性气体。

4. 着火危险性

大部分易爆化合物中含有氧元素，若受到能源激发作用会发生氧化还原反应，进而形成分解式燃烧。

5. 吸湿性

有些易爆化合物具有较强的吸湿性，受潮或遇湿后爆炸能力会大幅减弱。有些爆炸品在含水状态下性质结构会更为稳定，如炸药苦味酸，若在其中注入10%的水，可大大提高它的安全性。

6. 见光分解性

某些易爆化合物在光照条件下易分解，如叠氮银、雷酸汞。

7. 化学反应性

有的易爆化合物可与酸、碱、盐等化学试剂发生反应，生成爆炸性更强的危险化学品。如苦味酸遇见某些碳酸盐能反应生成更易爆炸的苦味酸盐，当苦味酸受到铜、铁等金属撞击时，可立即发生爆炸。

三、易爆化合物的储存和使用注意事项

易爆化合物在爆炸瞬间能释放出巨大的能量，使周围的人和建筑物受到极大的伤害和破坏，因此在使用和储存时必须高度重视，严格管理。

（1）使用易爆化合物时应谨慎小心、动作轻缓，防止磕碰、倾倒和抖动。

（2）易爆化合物应储存在专用库房中，依照性能有序存放。库房应保持通风，远离火源、热源，避免阳光直射，且要与附近的建筑保持足够的安全间距。

（3）储存易爆化合物的库房，在管理上应严格按照危险品"五双管"原则执行。

四、易爆化合物火灾的扑救

1. 迅速查明发生后续爆炸的可能性和危险性

易爆化合物引发火灾之后，应迅速查明发生后续爆炸的可能性和危险性，采取一切措施消除后续爆炸的隐患。在确保人身安全不受到威胁的基础上，应迅速组织力量及时疏散着火区域周围的易燃、易爆品。

2. 易爆化合物火灾的扑救

易爆化合物的燃烧可使用大量的水浇灭，但严禁用沙土覆盖，这是因为沙土附着在物体之上，使其产生的烟雾无法消散，使内部产生一定压力，随之也增大了爆炸的概率。

五、常见易爆化合物及其性质

1. 各种易爆化合物及其危险程度

表6-2给出了各种易爆化合物名称及危险程度。

表6-2 各种易爆化合物名称与危险程度

键合形式	物质名	危险程度
O — O R — O — O — H	烷基氢过氧化物	B
R — O — O — R	二烷基过氧化物	C
RCO — O — O — H	有机过氧酸	C
RCO — O — O — R	酯的过氧化物	C
RCO — O — O — COR	二酰基过氧化物	C
	臭氧化物	B

键合形式	物质名	危险程度
O — X		
$X_N O_M$	卤素氧化物	C
N·$HClO_4$	高氯酸铵盐	B
C·$OClO_3$	高氯酸酯化合物	B
C·ClO_3	烷基氯酸化合物	B
N·$HClO_3$	氯酸铵盐	B′
C — $OClO_2$	亚氯酸酯化合物	B′
$MClO_2$	亚氯酸盐	C′
N — O		
C — O — NO_2	硝酸酯化合物	A
C — NO_2	硝基化合物	A′
C—N—NO_2	硝胺化合物	A′
N·HNO_3	硝酸铵盐	B′
C — NO	亚硝基化合物	C′
M — ONC	雷酸盐	B
N — N		
（Ar — N ≡）$^+$X$^-$	重氮盐	C
N ≡ N=C······C=O	重氮含氧化合物	C
N ≡ N=C······C=NH	重氮亚胺化合物	C′
Ar—N—O—N—Ar	重氮酸酐化物	C
Ar — N=N — C ≡ N	重氮氰化物	C

键合形式	物质名	危险程度
$(ArN_2)_2S$	重氮硫化物	C
$Ar—N_2—S—Ar$	重氮硫醚化合物	C
HN_3	叠氮酸	B
MN_3	金属叠氮化合物	B
XN_3	卤素叠氮化合物	B
$—CN$	有机叠氮化物	B
$\overset{O}{\underset{}{C-C-N_3}}$	有机酸叠氮化合物	C′
$N—X$		
NX_3	卤化氮	C
N_nS_m	硫化氮	C
M_3N	金属氮化物	C
M_2NH	金属亚胺化合物	C
MNH_2	金属氨基化物	C

注：分解爆炸性物质的危险程度，分别用下列符号表示：A=灵敏度大、威力大；B=灵敏度大、威力中等；C=灵敏度大、威力小；A′=灵敏度中等、威力大；B′=灵敏度中等、威力中等；C′=灵敏度中等、威力小。

2. 典型易爆化合物简介

（1）硝化丙三醇

硝化丙三醇又可称作硝化甘油、甘油三硝酸酯，为白色或淡黄色黏稠液体，低温易冻结。熔点13 ℃。在水中不可溶解，易溶于乙醚、丙酮等。

硝化甘油受暴冷暴热或撞击时，都可能引发爆炸。另外，硝化甘油若与强酸性物品相接触还可以产生剧烈的化学反应，进而引起燃烧爆炸。所以，硝化甘油的保存与使用应当远离氧化剂、活性金属粉末、酸性试剂等，尽量避免与之接触。

此物质对人体健康有害，吸入量较少时可引起剧烈搏动性头痛，而吸入量过多时会引发低血压、抑郁、精神错乱等症状。

（2）三硝基苯酚

三硝基苯酚又称苦味酸，黄色块状或针状结晶，无味，有毒，味极苦。熔点

122 ~ 123℃，可在乙醚、苯、乙醇等液体中溶解。

苦味酸对皮肤的刺激性很轻，但随着浓度的加大它对皮肤的刺激性会随之加强，可使起泡，亦能引起结膜炎、支气管炎或支气管肺炎等。若长期与之接触，还可引起头痛、头晕、恶心等症状。

苦味酸普遍用于实验室中，是一种相对安全的化合物。为了保持其稳定性，一般会在其中加入10%的水。当它失水干透或形成某些金属盐时，其危险性会显著增强，极易引发爆炸。

1771年，人们就已用化学方法制造出苦味酸，再经过70年的发展之后，它又被当作一种黄色的染料运用于丝织品的染色中，这也是人类历史上第一个被使用的人造染料。苦味酸作为一种人造染料，在染坊中平安地使用了20余年，直到1871年其危险性才首次爆发。这一天，法国某染料作坊中的一位新工人，因苦苦打不开苦味酸桶，于是决定用重物去敲击桶身，随之意外地发生了爆炸，当场的多名员工均被炸死。这是一场悲剧，但也由此给出一个启发。经过反复试验，苦味酸开始被大量应用于军事上黄色炸药的制造。

第三节　气体与气体的使用安全

气体是化学实验室中极其常见的一类物质，也是容易发生事故的因素。化学实验室中所涉及的气体一般可分为两种，一种是在实验过程中有意制备或意外产生的常温常压气体，如使用气体发生器制备氧气，废液混合意外产生的气体，温度升高导致物质分解产生的气体等；另一种是由专业生产商提供的商品化的、通常保存在钢瓶中的加压气体，包括压缩气体、液化气体、溶解气体和冷冻液化气体等，也称瓶装压缩气体。此类气体的运用更为宽泛。

一、气体分类

《化学品分类和危险性公示通则》将气体分为：易燃气体、气溶胶、氧化性气体与加压气体。其中气溶胶是指喷射罐（系任何不可重新罐装的容器，该容器由金属、玻璃或塑料制成）内装强制压缩、液化或溶解的气体（包含或不包含液体、膏剂或粉末），并配有释放装置以使内装物喷射出来，在气体中形成悬浮的固态或液态微粒或形成泡沫、膏剂或粉末或者以液态或气态形式出现。气溶胶含易燃成分时，可分类为易燃物。

在实验室中，一般依照气体的危险程度将其划分为三类，具体如下。

1. 非易燃无毒气体

非易燃无毒气体是指在20 ℃时，蒸气压力不低于280 kPa或作为冷冻液体运输的不燃、无毒气体，如氮气、稀有气体、二氧化碳、氧气等。

此类气体的需求量巨大，使用非常频繁，但人们对其认识大多停留在无毒、不易燃上，通常忽视了此类气体并非完全无害的，如氮气、稀有气体的窒息性。当空气中氮气的含量超过一定标准时，可使人产生"氮酪酊"。氧气虽是生命不可或缺的生存物质，但一旦浓度超标，也极易令人氧中毒甚至死亡。常压下，当氧的浓度大于40%时，就有可能发生氧中毒。氧气不会自燃，但它具有助燃性，可与多数可燃气体或蒸气混合而形成爆炸性混合物。因此，氧气瓶的使用与存储均应当远离油类物质，无论是其专用工具还是氧气瓶本身都严禁与油类物质接触，特别是在使用时，操作者一定要检查自身的服饰装备是否带有油污，切不可用沾染油污的器物触碰氧气瓶，以防氧气冲出后发生燃烧甚至爆炸。

2. 易燃气体

易燃气体是指在温度为 20 ℃、压力为 101.3 kPa 时，与空气的混合物按体积分数占 13% 或更少时可点燃的气体；或不论易燃下限如何，与空气混合，燃烧范围的体积分数至少为 12% 的气体。实验室常见的易燃气体有：氢气、甲烷、丙烷、乙烯、乙烷、乙炔等烃类及硫化氢等。

3. 毒性气体

毒性气体是指已知对人类具有的毒性或腐蚀性强到对健康造成危害的气体或吸入半致死浓度 LC50 不大于 $5 \text{ mL} \cdot \text{L}^{-1}$ 的气体。具有毒性的气体对人类和动物均可产生强烈的伤害，主要包括毒害、窒息、灼伤、刺激作用，如碳酰氯、氯气、二氧化硫、一氧化碳等。

大部分毒性气体都具有强烈的刺激性气味，人们可通过其气味而产生警觉。但有些毒性气体也没有气味，如一氧化碳，它无色无味且可燃，人们往往还没感觉到它，就已中毒。一氧化碳对红细胞有着极强的吸附性且强于氧气，因此它可降低血流载氧能力，导致意识薄弱，中枢神经功能减弱，心脏和肺呼吸功能减弱，甚至昏迷死亡。

二、气体的危险特性

1. 物理性爆炸

储存于钢瓶内压力较高的压缩气体或液化气体，遇热后会逐渐膨胀，内部压力不断升高，当瓶内压远远高于钢瓶可承受的压力强度时，便会导致钢瓶爆炸。

2. 化学活泼性

易燃和氧化性气体的化学性质很活泼，在常规状态下可与多类物质发生反应或爆炸燃烧。

3. 可燃性与扩散性

易燃气体遇火源可燃烧，与空气混合到一定浓度会发生爆炸。爆炸极限宽的气体发生火灾、爆炸的危险性更大。

比空气轻的易燃气体逸散在空气中可以快速地扩散，一旦与火种接触即会发生火灾，且火势会迅速蔓延。

4. 毒害性

包括中毒性、腐蚀性、致敏性及窒息性等。大多数气体都有毒性，如氯气、硫化氢、氨乙烯、一氧化碳等。有些气体还具有腐蚀性，如硫化氢、氨、三氟化氮等。

当大量压缩或液化气体扩散到空气中时，会逐步降低空气中的氧浓度，从而使人因缺氧而窒息。

三、气体火灾的扑救

（1）首先应扑灭外围被火源引燃的可燃物，控制燃烧范围。

（2）若是输气管道泄漏着火，应设法找到气源阀门将其关闭。

（3）堵漏工作做好后，即可用水、干粉、二氧化碳等灭火剂进行灭火。

（4）若火场中有压力容器或有受到火焰辐射热威胁的压力容器，应尽快将其撤离到安全区域，若暂时无法转移的应当用水枪进行冷却保护。

四、常见气体及其性质

1. 乙炔

乙炔是一种无色、无味气体，微溶于水，溶于乙醇、丙酮、氯仿、苯，混溶于乙醚。爆炸极限为 2.5% ~ 82%。乙炔易燃易爆，与空气混合之后可形成爆炸性的混合物，遇火源能引起燃烧爆炸。乙炔气瓶应存放在通风性好的库房中，且必须竖立放置，禁止卧放。

乙炔气体被广泛地运用于原子吸收光谱的分析。

2. 氧气

氧气是一种无色无味的气体。它虽是生命存在的必需物质，但也并非完全无害，当浓度超标时，也能够令人中毒或死亡。

氧气本身不燃烧，但具有助燃性能与多数可燃气体或蒸气混合而形成爆炸性混合物。

3. 氮气

氮气是一种无色、无味、无爆炸性的气体。通常情况下氮气是相对安全的气体，但当其浓度过高时也会引发中毒或死亡。

氮气占大气总量的 78.12%（体积分数），在标准状况下其气体密度为 $1.25 \text{ g} \cdot \text{L}^{-1}$，氮气难溶于水，在常温常压下，1 体积水中大约只溶解 0.02 体积的氮气；氮气是难液化的气体，只有在温度极为低下时才会液化成无色液体，当温度持续降低时，便会形成白色晶状固体。

毒害危险：空气中氮气含量过高，使吸入氧气分压下降，引起缺氧窒息。当空气中的氮气浓度值微高于标准值时，吸入者会初始时会感到胸闷、气短、全身乏力；随着吸入量的加深，会出现躁动、兴奋、四处跑动、高声呼喊、意识模糊、走路摇晃等症状，俗称"氮酩酊"，不久之后会进入昏睡或昏迷状态；当空气中的氮气浓度值远远高于标准值时，吸入者可迅速昏迷，因呼吸和心跳停止而死亡。

氮气钢瓶的操作注意事项：必须在通风良好的环境下操作。操作者需要经过专业的培训指导后才可进行实操，在操作过程中也应当严格遵照操作规程，谨防氮气泄漏。在搬运氮气瓶时，也要轻拿轻放，以防损坏气瓶及其附近。此外，在实验室中还应当配备好泄漏应急处理设备。

储存注意事项：储存于阴凉、通风的库房。远离火种、热源。库温不宜超过30℃。储区应备有泄漏应急处理设备。

4.氢气

氢气是一种无色无味、无毒、易燃易爆的气体，和氟、氯、氧、一氧化碳及空气混合均有爆炸的危险。其中，氢与氟的混合物在低温和黑暗环境就能发生自发性爆炸。氢本身无毒，其化学性质也较为稳定，但若空气中浓度过高时，也会导致缺氧窒息。和其他低温液体相同，人体若直接与其触碰将导致冻伤。液氢外溢并突然大面积蒸发还会造成环境缺氧，并有可能和空气一起形成爆炸混合物，引发燃烧爆炸事故。

氢气有易燃易爆性，纯氢的引燃温度为400℃，当空气中所含氢气的体积占混合体积的4.0%~74.2%时，即形成爆炸性混合物，遇热或点燃都可引发爆炸。

氢气比空气轻，在室内发生泄漏时，易悬浮于屋顶，一旦遇到火花即可爆炸。纯度不高的氢气，在点燃过程中也易爆炸。

涉及氢气时的操作注意事项：必须在通风性好的环境下操作，且要远离火花和可燃物。实验室内应做好静电导出措施，储存或使用的设备和管道需具有良好的密封性，电器设备均需具备一定的防爆性能，使用无火花的工具，穿戴不易产生静电的衣物。

第四节　自反应物质和混合物

自反应物质和混合物，是危险化学品分类体系中新出现的一项。

一、自反应物质和混合物的定义

自反应物质和混合物是指热不稳定性液体、固体物质或混合物，在没有氧气或空气的情况下，也易发生强烈放热分解反应。在这一定义中，不包括GHS分类为爆炸品、有机过氧化物或氧化物和其混合物。

当自反应物质或混合物具有在实验室试验以有限条件加热时易于爆炸、快速爆燃或显现剧烈反应时，可判定此类物质具有爆炸特性。

二、自反应物质和混合物的类型

依照一定的原则可将自反应物质和混合物划分为"A－G"七个类型，具体内容如下。

（1）A型自反应物质：指在运输包装内，可能会发生爆炸或快速爆燃的任何自反应物质或混合物，如2－重氮－1－萘酚－5－磺酰氯等。

（2）B型自反应物质：指具有爆炸特性，在包装内，既不会爆炸也不会快速燃烧，但遇热后极易引发爆炸的任何自反应物质或混合物。

（3）C型自反应物质：指具有爆炸特性，但在包装内，不会发生爆炸、快速爆燃或受热爆炸的任何自反应物质或混合物，如氨。

（4）D型自反应物质：在试验过程中，凡是出现下列情形的任何自反应物质或混合物，如发泡剂BSH（苯磺酰肼）。

①部分爆燃，不会快速爆燃，在封闭条件下加热时不呈现任何剧烈反应现象。

②完全不会爆炸，会缓慢燃烧，在封闭条件下加热时不呈现任何剧烈反应现象。

③完全不会爆炸或爆燃，在封闭条件下加热时呈现中等反应现象。

（5）E型自反应物质：指在试验过程中，不会爆炸也不爆燃，在封闭条件下加热时呈微弱反应或不反应的任何自反应物质或混合物，如1－三氯锌酸－4－二甲氨基重氮苯。

（6）F型自反应物质：指在试验过程中，既不会在空化状态爆炸，也完全不会爆燃，在封闭条件下加热时呈微反应或不反应，低、弱或无爆炸力的任何自反应物质或混合物。

（7）G型自反应物质：指在试验过程中，既不会在空化状态爆炸，也完全不会爆燃，并且不发生反应，无任何爆炸能量，只要是热稳定的（50 kg包装的自加速分解温度为60 ~ 75 ℃），对于液体混合物，用沸点不低于150 ℃的稀释剂减感的任何自反应物质或混合物。若该混合物不是热稳定的，或用沸点低于150 ℃的稀释剂减感，则该混合物属于F型自反应物质。

三、自反应物质和混合物的注意事项

在"A－G"这七个类型的自反应物质和混合物中，需要特别注意的A、B、C、D型。A型物质危险性最大，必须采取特殊方式保存和运输；B型物质遇热后易发生爆炸，因此在保存和运输中需防止受热、避免光照和长途运输；C型物质在包装内不易燃烧和爆炸，因此需保护好包装，谨防破损；D型物质虽大多不会快速爆燃，但有的会部分燃爆或缓慢燃烧，因此在保存和运输中应当保存好包装，谨防高温和阳光直射。

第五节　易燃、自热、自燃及遇水放出易燃气体的物质

化合物种类繁多，其中不乏具有易燃特性的，尤其是有机化合物大多是易燃的。还有一些相对特殊的化合物和物质，在特定条件下，可发生自热与自燃现象。由此可见，它们带有一定的危险性，若储存、使用不当，极有可能造成伤害。

一、定义与分类

1. 易燃物质

依据易燃物质的存在形态，可将其划分为两大类，即易燃液体与易燃固体。

（1）易燃液体

易燃液体是指闪点不高于 60 ℃，在其闪点温度时放出易燃蒸气的液体或液体混合物。易燃液体按闪点大小可分为三类：①低闪点液体，闭杯试验闪点，<-18 ℃；②中闪点液体，-18 ℃≤闭杯试验闪点 <23 ℃；③高闪点液体，23 ℃≤闭杯试验闪点 <61 ℃。易燃液体与火接触后会迅速燃烧，然后挥发出可燃气体，当此类气体聚集到一定程度后，一旦遇到火花便会立即引发爆炸。存放密闭容器中的易燃液体，受热后能使容器爆裂而引起燃烧。大量可燃气体扩散到空气中，可使人畜中毒或窒息。运输中一般不得与其他品种混装混放。在使用过程中应严格按照既定要求进行，注意远离火源和光照，谨防碰撞。易燃液体多为有机化合物或混合物。

（2）易燃固体

易燃固体是指燃点较低，在受热、撞击、摩擦或与某些物品接触后，会引起剧烈燃烧的固体。如硫黄、某些金属合金粉末等。

2. 自热物质

自热物质或混合物是指除自燃物质以外，通过与空气反应并且无需外来能源即可自行发热的固态、液态物质或混合物。该物质或混合物不同于自燃液体或固体，需同时满足两个条件下才会着火燃烧，一是数量较大（多达数千克）；二是时间较长（长达数小时或数天）。此类物质或混合物的自热过程十分缓慢，可与空气中的氧发生反应，产生热量。若热量产生的速度大于热损耗的速度，该物质或混合物的温度便会上升。若再经过一定时长的诱导，可引发自发点火和燃烧。

自热物质的类别包括：

类别 1 自热：用边长 25 mm 立方体样品在 140 ℃时得到肯定结果（即可导致燃烧）。

类别 2 自热：大量共存时，出现自热反应，可导致自燃。

进行自热试验时，若出现下列一项情形，即可判定其为类别 2 自热物质：

（1）使用边长 100 mm 立方体样品在 140 ℃试验时得到肯定结果，使用边长 25 mm 立方体样品在 140 ℃试验时得到否定结果，并且该物质或混合物将以大于 3 m³ 的体积包装。

（2）使用边长 100 mm 立方体样品在 140 ℃试验时得到肯定结果，使用边长 25 mm 立方体样品在 140 ℃试验时得到否定结果，使用边长 100 mm 立方体样品在 120 ℃试验下取得肯定结果，并且该物质或混合物将以大于 450 L 的体积包装。

（3）使用边长 100 mm 立方体样品在 140 ℃试验时得到肯定结果，使用边长 100 mm 立方体样品在 100 ℃试验时得到肯定结果和使用边长 25 mm 立方体样品在 140 ℃试验时得到否定结果。

3. 自燃（发火）物质

自燃（发火）物质包括自燃液体与自燃固体，是指无论数量多少一旦与空气接触后，不到 5 分钟便可着火的液体和固体。

4. 遇水放出易燃气体的物质

有些物质在遇水后可与之发生反应，产生易燃气体，并放出大量热量而引起燃烧或爆炸，此类物质即为遇水放出易燃气体的物质，亦称遇湿易燃物质。

下表 6-3 列出了上述易燃、自热、自燃及遇水放出易燃气体的物质分类及特性。

表 6-3 易燃、自热、自燃及遇水放出易燃气体的物质分类及特性

名称	类别		特性	典型化合物
易燃物质	易燃液体	低闪点液体	闭杯试验闪点 <-18 ℃ 极易燃烧和挥发	汽油等
		中闪点液体	-18 ℃≤闭杯试验闪点 <23 ℃ 容易燃烧和挥发	煤油、松节油、甲醇等
		高闪点液体	23 ℃≤闭杯试验闪点 <61 ℃	柴油、己醇、氯苯等
易燃物质	易燃固体	一级易燃固体	燃点低，容易燃烧和爆炸，放出气体的毒性大	红磷、三硝基苯
		二级易燃固体	与一级易燃固体相比，燃烧性能差，体燃烧速度慢，燃烧放出气体的毒性小	金属铝粉、硝基化合物等
自燃物质	自燃液体 自燃固体		即使数量很少也能在与空气接触后 5 分钟内着火的液体和固体	黄磷、还原铁、还原镍、三乙基铝、三丁基硼等

名称	类别	特性	典型化合物
自热物质	类别1热:可导致燃烧。用边长25mm立方体样品在140℃时得到肯定结果。 类别2自热:大量共存时,出现自热反应,可导致自燃	自热物质是指除自燃物质以外,通过与空气反应并且无需外来能源即可自行发热的固态、液态物质或混合物。该物质或混合物不同于自燃液体或固体,只能在数量较大(以千克计)和时间周期较长(数小时或数天)时才会着火燃烧	油布、油纸、漆布、蜡布、浸油棉麻、毛发、破布或纸屑。桐油、亚麻仁油等类干性油。含有不饱和键化合物(如桐油酸、亚麻酸等高级不饱和脂肪酸的甘油酯)
	其他自热物质	潮湿、高温、包装疏松、结构多孔。均可因在氧化过程中积热不散而引起自燃	活性炭、油烟、金属粉、硫化碱、煤粉、橡胶粉等物品。煤粉在含有适量水分或硫矿石时可以自燃。干草饲料由于堆贮发酵、通风散热不良等原因可以自燃。
遇水易燃物质	一级遇水易燃物质	遇水发生剧烈反应,单位时间内产生气体多且放出大量的热,在火源的作用下容易引起燃烧和爆炸	Li、Na、K及它们的氢化物、碳化物等
	二级遇水易燃物质	遇水或酸反应速率较慢,放出易燃气体,在火源作用下引起燃烧和爆炸的物质	金属钙、锌粉等

二、易燃、自燃及遇水放出易燃气体物质的危险特性

1.易燃液体的危险特性

(1)高度易燃易爆性:易燃液体具有较强的挥发性,闪电、燃点较低,与火源接触后易着火而持续燃烧。易燃液体蒸气与空气可形成爆炸性混合气体,当此混合物累积到一定程度时,一旦与火源接触将引发爆炸。

(2)高度流动扩散性:易燃液体不但容易挥发打散,其黏度往往也较低,使其在自然流淌的同时,还可借助渗透、浸润及毛细现象等作用,从容器的极细微裂纹中渗透出来。泄漏后易蒸发,蒸发出的气体是易燃的,且比空气重,因此大量聚集在坑洼地带,从而加剧了发生燃烧爆炸的危险性。容器破裂后极易流淌、扩散迅速。一旦燃爆,现场将迅速被火势所包围,撤离难度较大。

(3)受热膨胀性:一般易燃液体的膨胀系数较大,容易膨胀,同时受热后蒸气压也较高,从而使密闭容器内的压力升高。存放在密闭容器中的易燃液体,一旦受热后便快速膨胀,从而使容器破裂引起燃烧。

(4)静电引爆性:易燃液体电阻率大,在受到摩擦、震荡后极易产生静电,当静电累积到一定量时,就会放电产生电火花而引起燃烧爆炸事故。

（5）强还原性：有些易燃液体具有强还原性，在与氧化剂接触时容易发生反应，且放出大量的热而引起燃烧爆炸事故，所以在存放时必须远离氧化剂。

（6）中毒麻醉性：大量可燃气体扩散到空气中，可使人畜窒息。此外，大部分易燃液体及其蒸气都带有毒性，有的甚至还有麻醉作用，若长时间接触或大量吸入可令人畜中毒、昏迷或死亡。

2. 易燃固体的危险特性

（1）易燃性：易燃固体的熔点、燃点、自燃点及热解温度较低，受热容易熔融、分解或汽化。

（2）爆炸性：多数易燃固体的还原性很强，易与氧化剂发生反应而引发爆炸。

（3）毒害性：许多易燃固体自身已具备毒性，在燃烧后还可生成有毒物质。

（4）敏感性：易燃固体对光、热和碰撞十分敏感。

（5）自燃性：易燃固体中的赛璐珞、硝化棉及其制品在积热不散时容易自燃起火。

（6）易分解或升华：易燃固体容易被氧化，受热易分解或升华，遇火源、热源将剧烈燃烧。

3. 自燃物质的危险特性

易于自燃的物质，有着不同的化学组成和结构，且受到外界不同因素的影响，由此便形成了各异的危险特性。

（1）氧化自燃性：此类物质化学性质非常活泼，自燃点低，具有极强的还原性，在接触氧或氧化剂后，可迅速发生氧化反应，并放出大量的热，达到其自燃点而自燃甚至爆炸。

（2）积热自燃：此类物质多为含有较多的不饱和双键的化合物，遇氧或氧化剂容易发生氧化反应，并放出热量。

（3）遇湿易燃性：此类物质中有些能在空气中氧化自燃，遇水或受潮后还可分解而自燃爆炸。

4. 遇水放出易燃气体物质的危险特性

（1）遇湿易燃易爆性：遇湿后发生剧烈反应，可生成大量可燃性气体，同时释放出大量的热量，如碳化钙等。

（2）与酸或氧化剂反应更加强烈：此类物质大多具有很强的还原性，当遇到氧化剂或酸时反应非常剧烈。

（3）自燃危险性：此类物质不仅遇水易燃放出易燃气体，而且在潮湿空气中可自燃，在高温条件下其反应尤其剧烈。

（4）毒害性：此类物质中有些还具有一定的毒性和腐蚀性，其中一些不仅本身带有毒性，遇湿后还可放出有毒的气体。

5. 易燃、自燃等物质的储存和使用的注意事项

（1）易燃物应存放在阴凉通风处，远离火种、热源、氧化剂及氧化性酸类。闪

点低于 23 ℃的易燃液体，需贮藏在 30 ℃以下的环境中，对于沸点较低的品类必须采取降温式冷藏措施。若条件允许，可设置易燃液体专柜，各品种分类存放。

（2）易燃液体必须密封存放。在实验过程中，需保证空气流通，且一定要远离火源，必要时还可佩戴防护器具。

（3）易燃液体存放及使用场合，禁止使用易产生火花的铁制工具及穿带铁钉的鞋，需穿不易产生静电的衣物。

（4）使用时应轻拿轻放，避免摩擦和撞击，以免因相互碰撞或容器破损而引发泄漏事故。

（5）自燃物质的储存和使用：易于自燃物质应储存在通风、阴凉、干燥处，远离明火及热源，防止阳光直射且应单独存放。在使用、运输过程中应轻拿轻放，保证容器的完好性。

（6）遇湿放出易燃的物质的储存和使用：此类物质不可与酸、氧化剂混放，包装必须完整严密，注意防水、防潮。不得与其他类别的危险品混存混放，使用和搬运时严禁摩擦、撞击和倾倒。

三、易燃物和自燃物的火灾扑救

（1）扑救易燃液体火灾时，首先需了着火液体的名称以及相关属性，以便采取针对性的防治措施。

（2）小面积的液体火灾可用干粉或泡沫灭火器等进行扑救，也可用沙土覆盖。

（3）扑救毒性、腐蚀性或燃烧产物毒性较强的易燃液体火灾时，扑救人员必须佩戴防毒面具，采取严密的防护措施。

（4）多数易燃固体着火可以用水扑救，但有些金属粉末着火（如镁粉、铝粉等）时，严禁用水、二氧化碳和泡沫灭火剂扑救。对于遇水产生易燃或有毒气体的物质，也严禁用水灭火。

（5）对有积热自燃物品的火灾，如油纸、油布等，可以用水扑救。由白磷引发的火灾应用低压水或雾状水扑救，不可用高压水扑救。

（6）遇水放出易燃的物质的火灾的扑救：此类物质着火绝不可以用水或含水的灭火剂扑救，也不可用二氧化碳灭火剂扑救。可用干沙、石粉等进行扑救。金属锂着火时不可用干沙进行扑救。

四、常见易燃、自燃化合物

（一）易燃化合物

1. 乙醚

乙醚为无色透明液体，具有芳香刺激性气味，极易挥发；微溶于水，可溶于大部分有机溶剂（如乙醇、氯仿等）。

乙醚极易燃烧。其蒸气比空气重，能沿地面流向低处或远处，且可与空气相结合形成爆炸性混合气体。

乙醚对人体有麻醉作用，当吸入含乙醚 3.5%（体积分数）的空气时，大约 35 分钟，便可让人失去知觉。

乙醚引发火灾事故时，可使用干粉、泡沫、二氧化碳灭火器灭火，还可用沙土扑灭。

2. 丙酮

丙酮是一种无色透明液体，有特殊的辛辣气味；易溶于水和有机溶剂（如甲醇、乙醚、吡啶等）；易燃、易挥发，化学性质较活泼；可与水以及大部分有机溶剂（如乙醇、氯仿、烃类等）混溶。

丙酮易燃。其蒸气与空气可形成爆炸性混合物，遇明火、高热极易燃烧爆炸。与氧化剂能发生强烈反应。其蒸气比空气重，能在较低处扩散到相当远的地方。

丙酮可麻醉人的中枢神经系统，使人全身乏力、恶心、头痛、头晕、易激动。

丙酮引发火灾事故时，可使用干粉、泡沫、二氧化碳灭火器灭火，还可用沙土扑灭，用水扑救是无效的。

3. 甲苯

甲苯为无色透明液体，不溶于水，可溶于大部分有机溶剂（如乙醇、氯仿等）。它也可当作甲苯衍生物、炸药、燃料中间体、药物等的生产原料。

甲苯易燃，其蒸气比空气重，与空气混合形成爆炸性混合物。遇到火源、高温、强氧化剂时有引起燃烧爆炸的危险。

甲苯属低毒类，吸入后可引起过度疲惫、兴奋、头痛等症状，对中枢神经系统有麻醉作用。

甲苯引发火灾事故时，可使用干粉、泡沫、二氧化碳灭火器灭火，还可用沙土扑灭。

4. 红磷

红磷为紫红色无定形粉末，无味，有光泽；难溶于水、二氧化硫，微溶于无水乙醇，溶于碱。

红磷遇明火、高热、摩擦、撞击有引起燃烧的危险。长期吸入红磷粉尘，可引起慢性磷中毒。

红磷应储存于阴凉、通风的库房，并与催化剂、卤素、卤化物等分开存放，切忌混存。红磷引起的小火可用干燥沙土闷熄，大火可用水扑灭。

5. 硫黄

硫黄为淡黄色脆性结晶或粉末，具有特殊臭味。难溶于水，微溶于乙醚、乙醇，易溶于二硫化碳、甲苯等溶剂。

硫黄粉末与空气混合能产生粉尘爆炸，与卤素、金属粉末接触可发生剧烈反应，遇明火、高热易发生燃烧，与强氧化性物质接触能形成爆炸性混合物。

硫黄本身为不良导体，易产生静电导致硫尘起火，燃烧过程中可释放出有毒、有刺激性的气体。小火可用干燥沙土闷熄,大火可用大量雾状水扑灭。

(二)自燃化合物

1. 白磷

白磷又名黄磷,为无色或白色半透明蜡状固体。其熔点、沸点、引燃温度分别为 44.1 ℃、280.5 ℃、30 ℃。一旦与空气接触,外表会变为淡黄色。

白磷自燃点低,在空气中会冒白烟并发生自燃。化学性质活泼,受撞击、摩擦或与氯酸盐等氧化剂接触能燃烧爆炸。

白磷的保存应隔绝空气,放于冷水中。此外,还需远离火源和热源,并与易燃物、可燃物、有机物、氧化剂等隔离。

2. 三乙基铝

三乙基铝为无色液体,具有强烈的霉烂气味。其熔点、沸点、闪点分别为 –52.5 ℃、194 ℃、–53 ℃。

三乙基铝化学性质活泼,接触空气会冒烟自燃。对微量的氧及水分反应极其灵敏,极易引起燃烧爆炸。若溅射到皮肤上,可引起皮肤灼伤,伴有充血、水肿、水泡等现象,且有强烈的疼痛感。

三乙基铝必须隔绝空气密封保存。若由该物质引发火灾时,可用干粉灭火剂扑救,严禁用水、泡沫灭火剂。

(三)遇水放出易燃气体的化合物

1. 碳化钙

碳化钙别名电石,为无色晶体,工业品为黑色块状物,断面为紫色或灰色。相对分子质量 64.10,熔点约 2300 ℃。

碳化钙若暴露在空气中,会因受潮而失去光泽并逐步分散成白色粉末,从而变质或失效。碳化钙干燥时不燃,但遇湿或潮湿空气能迅速反应放出高度易燃的乙炔气体。

碳化钙储存时必须密封,以防受潮。且应与酸类、醇类等保持安全距离,宜单独存放,不可混存。该物质着火后可用干燥的石墨粉或其他干粉扑灭。

2. 磷化铝

磷化铝为黄绿色结晶,呈粉末或片状,不溶于冷水,溶于乙醇、乙醚。熔点 2550 ℃。误服、与皮肤接触或吸入均可致人中毒,且毒性很大。

磷化铝本身不会燃烧,在接触酸、水或潮湿空气后会发生剧烈反应,放出磷化氢气体。当温度超过 60 ℃时,磷化氢会立即在空气中自燃。因此,在储存、运输时应避免与酸类、氧化剂等接触。由其引发火灾事故时,可使用干粉、干燥沙土灭火,禁止用水、泡沫和酸碱灭火剂。

第六节 氧化性物质和有机过氧化物

氧化性物质是化学实验室中常见的、不可或缺的试剂，在化学反应中，通常作为氧化剂使用。此类物质化学性质活泼，易爆，具有一定的危险性，因此，在与之接触时一定要小心谨慎。

一、氧化性物质和有机过氧化物及其分类

（一）氧化性物质特性及其分类

氧化性物质在此处指代的是无机氧化剂，其中的大部分皆不易燃，但可释放出氧，从而引燃或助燃其他物质，属于化学性质较为活泼的物质。在无机化合物中常指含有高价态原子的物质和含有双氧结构的物质。氧化性物质处于高氧化态，遇到酸、碱或受到潮湿、强热，或与其他还原性物质、易燃物质接触，即能发生氧化分解反应，释放出大量的氧气和热量，引燃周围的可燃物，有时还能形成爆炸性混合物。

氧化性物质具有以下特性：

（1）受热分解性：有些氧化剂，在受到高温、高压以及碰撞作用时，易发生反应而释放出大量的热，一旦与可燃物接触，便可发生剧烈的化学反应而引起燃烧、爆炸。

（2）强氧化性：有些氧化剂与易燃液体接触后可发生不同程度的化学反应，从而引起燃烧和爆炸。

（3）遇酸爆炸性：多数氧化剂与酸接触后可发生剧烈的反应，甚至引发爆炸。

（4）遇湿分解性：有些氧化剂遇水或吸收空气中的水蒸气后，可分解放出氧化性气体，遇火源易使可燃物燃烧。

（5）毒性与腐蚀性：氧化性物质具有高氧化性，或溅射到皮肤或人体器官上，可造成严重的伤害，使触部位腐蚀、烧伤。

（二）有机过氧化物及其分类

有机过氧化物是指分子结构中含有过氧基（—O—O—）的有机物，可以看作是一个或两个氢原子被有机基替代的过氧化氢衍生物。此类物质具有下列一种或几种性质：①易于爆炸分解；②容易燃烧且燃烧迅速；③对撞击或摩擦敏感；④与其他物质发生危险反应。

有机过氧化物还可依据其自身的氧化性强弱和结构划分成两极。一级有机氧化

物主要包括有机过氧化物类，这类化合物的结构特征是含有过氧基团，如常见的过氧化苯甲酰等；二级有机氧化物主要是指有机硝酸盐类，如硝酸胍、四硝基甲烷等。

有机过氧化物由于其本身是有机物，无须接触其他可燃物也可发生燃烧，这一点也正是它区别于无机氧化的地方，也是其危险所在。

表6-4列出了氧化性物质和有机过氧化物的分类、特性和典型化合物。

表6-4 氧化性物质和有机过氧化物的分类、特性和典型化合物

名称	分类	特征	典型化合物
氧化物性质	一级无机氧化物	含有过氧基、高价态元素的物质。化学性质活泼，具有很强的获得电子能力。自身不可燃	过氧化物类：过氧化钠、过氧化钾等 某些含氧酸及其盐类：高氯酸、高氯酸钾、高锰酸钾等
	二级无机氧化物	化学性质较活泼，也具有较强地获得电子能力	除一级外的无机氧化剂：亚硝酸钾、高锰酸银、重铬酸钠、二氧化铅、五氧化二碘
有机过氧化物	一级有机氧化物	强氧化性，自身易燃易爆，极易分解，对热、震动或摩擦极为敏感	有机过氧化物类：过氧化苯甲酰、过氧化二叔丁醇 有机硝酸盐类：硝酸胍硝酸脲、四硝基甲烷
	二级有机氧化物	较一级有机氧化剂稳定，也易分解	过氧乙酸、过氧化环己酮

（三）强氧化性物质及其分类

氯酸盐：$MClO_3$（M=Na、K、NH_4、Ag、Hg（Ⅱ）、Pb、Zn、Ba）。

高氯酸盐：$MClO_4$（M=Na、K、$NHNH_4$、Sr）。

无机过氧化物：Na_2O_2、K_2O_2、MgO_2、CaO_2、BaO_2、H_2O_2。

有机过氧化物：烷基氢过氧化物 R－O－O－H（特丁基－、异丙苯基－）、二烷基过氧化物 R－O－O－R′（二特丁基－、二异丙苯基－）、二酰基过氧化物 R－CO－O－O－COR′（二乙酰基－、二丙酰基－、二月桂酰基－、苯甲酰基－）、酯的过氧化物 R－CO－O－O－R′（醋酸或苯甲酸特丁基－）、酮的过氧化物（甲基乙基酮－、甲基异丁基酮－、环己酮－）。

硝酸盐：MNO_3（M=Na、K、NH_4、Mg、Ca、Pb、Ba、Ni、Co、Fe）。

高锰酸盐：$MMnO_4$（M=K、NH_4）。

强氧化性物质的危险性：

（1）此类物质遇热、碰撞等易引发爆炸，因此要远离火源和热源，保存于阴凉处，避免阳光直射。

（2）无机氧化物若与还原性物质或有机物混合，会氧化发热而着火。

（3）氯酸盐类物质与强酸作用，产生 ClO_2（二氧化氯），而高锰酸盐与强酸作用，则产生 O_3（臭氧），有时会发生爆炸。

（4）有些氧化剂与可燃液体接触能引起自燃。如高锰酸钾与甘油，过氧化钠与甲醇接触，铬酸与丙酮接触等，都能自燃着火。

（5）在氧化剂中，强氧化剂与弱氧化剂相互之间接触能发生复分解作用，产生高热而引起着火或爆炸。此时，弱氧化剂呈现还原性。如次氯酸盐、亚硝酸盐遇到氯酸盐、硝酸盐时，发生剧烈反应，引起着火或爆炸。

（6）过氧化物与水作用产生 O_2，与稀酸作用，则产生 H_2O_2 并发热，有时会着火。

（7）碱金属过氧化物能与水起反应，可使容器破裂引发爆炸。

（8）有机过氧化物在某些化学反应中能作为副产物生成，并且，在某些有机物储存的过程中也会生成，因此要注意防护。

二、使用注意事项与火灾的扑救

1. 氧化性物质和有机过氧化物的储存与使用注意事项

（1）储存于阴凉、通风、干燥的场所。避免阳光直射。

（2）保存时不能与有机物、可燃物、酸同柜储存。

（3）碱金属过氧化物易与水起反应，应注意防潮。

（4）使用过程中应严格控制温度，避免摩擦或撞击。

（5）某些氧化剂具有毒性和腐蚀性，使用过程中应注意防毒。

2. 氧化性物质和有机过氧化物火灾的扑救

氧化性物质着火时会放出氧，加剧火势，即使在惰性气体中，火仍然会自行蔓延，因此，此类物质着火使用二氧化碳及其他气体灭火剂是无效的，应使用大量的水或用水淹浸的方法灭火。

有机过氧化物着火时，可能导致爆炸。由其引发火灾时，可用大量水灭火。

三、典型氧化性物质和有机过氧化物介绍

1. 过氧化氢

纯过氧化氢是淡蓝色的黏稠液体，是一种强氧化剂，化学性质活泼，能够和任意比例的水混溶。日常生活中常说的双氧水就是过氧化氢的水溶液，它是无色透明的液体。实验室中常用的过氧化氢为 27.5% ~ 35% 的水溶液。过氧化氢及其水溶液对皮肤具有强腐蚀作用。

过氧化氢本身不能燃烧，但它是一种爆炸性极强的氧化剂，能与某些可燃物反

应并产生足够的热量而引起燃烧，加之它分解所释放的氧能强烈助燃，最终可导致爆炸。

高含量的过氧化氢极不稳定，极易发生爆炸。在实验室中严禁用蒸馏法浓缩过氧化氢水溶液。

2. 过氧化二苯甲酰

过氧化二苯甲酰（过氧化苯甲酰）为白色或淡黄色结晶，有轻微的苦杏仁气味。不溶于水，微溶于醇类。闪点 80 ℃，引燃温度 80 ℃。对上呼吸道有刺激性，对皮肤有强烈的刺激及致敏作用，若溅射到眼睛内可造成严重损害。

过氧化二苯甲酰在干燥状态下非常易燃，预热、摩擦、震动或杂质污染均能引起爆炸性分解。急剧加热时可发生爆炸，与强酸、强碱、硫化物、还原剂接触会产生剧烈反应。储存时避免与还原剂、酸类、碱类、醇类接触。

3. 过氧乙酸

过氧乙酸为强氧化剂，有很强的氧化性，易燃，具爆炸性。纯品极不稳定，在 -20℃ 时也会爆炸。与还原剂、有机物、可燃物等接触会发生剧烈反应，发生燃烧爆炸。作为商品制成含量为 40% 的溶液时，在静置时依旧可以分解出氧气，当其中的含量超过 40% 就有爆炸的危险，加热至 110 ℃即爆炸，此外，遇火或受热、受震均可引发爆炸。遇有机物放出新生态氧而起氧化作用，可以迅速杀灭大多数微生物（如病毒、细菌、真菌及芽孢等），稀释后常用作高效灭菌剂。可广泛应用于各种器具及环境消毒。0.2% 溶液接触 10 分钟基本可达到灭菌目的。工业产品过氧乙酸一般为 18% ~ 23% 含水醋酸的溶液。过氧乙酸对金属有腐蚀性，不可用于金属器械的消毒，同时它应储存于塑料桶内，凉暗处保存，远离可燃性物质。

第七节　毒性物质与预防中毒

于一般人而言，对于毒性物质均持有畏惧心理，会避而远之；但于从事与化学相关工作的人而言，它不仅是毒物，还是一类化学试剂，于人类的生产生活有益，可促进医疗、材料、农药化肥等的发展，因此必须与之打交道。由此可见，对于这一特殊的化学试剂的储存、运输与使用等，均需谨慎，针对其性质特征，采取妥善的防护措施，隔断中毒途径，防止中毒事故的发生。

一、毒性物质的判定

毒性物质包括人工合成的化学品及其混合物和天然毒素，还包括具有急性毒性易造成公共安全危害的化学品。

毒性物质是指经吸食、接触后人身健康受到或造成严重伤害甚至死亡的物质。毒性物质的毒性是指毒物导致机体损害的能力，通常情况下其毒性与危害呈正比例关系，即毒性小的危害相对较小，毒性大的危害往往也大。毒性物质的毒性常用半致死剂量（LD_{50}）和半致死浓度（LC_{50}）表征。

半致死剂量（LD_{50}）：在一定时间内经口或经皮给予受试样品后，使受试动物发生死亡概率为50%的剂量。以单位体重接受受试样品的质量（$mg \cdot kg^{-1}$体重或$g \cdot kg^{-1}$体重）表示。

半致死浓度（LC_{50}）：指在一定时间内经呼吸道吸入受试样品后引起受试动物发生死亡概率为50%的浓度。以单位体积空气中受试样品的质量（$mg \cdot L^{-1}$）表示。

物质的毒性不同，其对人的损害程度也各异，根据毒物对人每千克体重的致死量依次将毒物分为：剧毒（<0.05 g）、高毒（0.05 ~ 0.5 g）、中毒（0.5 ~ 5 g）、低毒（5 ~ 15 g）、微毒（>15 g）。

在我国，对于毒性物质的判定可参考以下三个标准或文件。

1.《危险货物分类和品名编号》（GB 6944 — 2012）

该国标对毒性物质判定做了以下说明：毒性物质是经吞食、吸入或皮肤接触后可能造成死亡或严重受伤或健康损害的物质。

2.《化学品分类和标签规范》（GB 30000 — 2013）

对毒性物质的急性毒性作出了详细划分，依据其由强到弱的毒性划分为五个类别，即类别1 ~ 类别5，界定为经口 $LD_{50} \leq 5$ $mg \cdot kg^{-1}$ 体重，经皮肤 $LD_{50} \leq 50$ $mg \cdot kg^{-1}$ 体重，或吸入（气体）$LC_{50} \leq 0.1$ $mg \cdot L^{-1}$，或吸入（蒸气）$LC_{50} \leq 0.5$ $mg \cdot L^{-1}$，或吸入（粉尘或烟雾）$LC_{50} \leq 0.05$ $mg \cdot L^{-1}$。

3.《危险化学品目录》（2015 年版）

《危险化学品目录》（2015 年版）包括危险化学品条目 2828 个（较前一版 3823 个有所减少）。剧毒化学品条目 148 种，比《剧毒化学品目录》（2002 年版）少 187 种。《危险化学品目录》（2015 年版）对剧烈急性毒性判定界限为经口 $LD_{50} \leq 5$ $mg \cdot kg^{-1}$，经皮 $LD_{50} \leq 50$ $mg \cdot kg^{-1}$，吸入（4h）$LC_{50} \leq 100$ $mL \cdot m^{-3}$（气体）或 0.5 $mg \cdot L^{-1}$（蒸气）或 0.05 $mg \cdot L^{-1}$（粉尘或烟雾）。

二、物质的毒性与影响中毒的因素

1.化学结构与毒性

大部分化合物均带有一定毒性。一般情况下，化合物的性质取决于化学结构，但目前业界对其结构与毒性间的关系仍未明晰，也尚未探寻到两者间的规律，如一些化合物异构体，有的带有剧毒，有的却无毒或低毒。甲醇对人体有较大毒性，而乙醇却是酒精类饮料的主要成分。通常，芳香族化合物的毒性大于脂肪族化合物，有机化合物中含有较多卤素及氮磷元素时，毒性较强，如日常生活中所用的农药、蟑螂药、灭鼠剂等一般含有卤素及氮磷元素。杂环化合物的毒性要比一般化合物的毒性大。消除化合物毒性的根本办法是改变或破坏其结构。

　　物质的毒性往往是固定的，之所以能够对人体产生不同程度的伤害，是由接触或服用的时间以及"量"所决定的。三氧化二砷俗名为砒霜，对人的致死量为 0.1 ~ 0.3 g，因其性质被划归为剧毒化学品行列，但在实际生活中它却成功治愈了一些疾病（剂量适当）。民间有种说法——"以毒攻毒"，其治疗的关键在于对量的严格控制。大部分中药、西药在使用过程中，若没把控好量，也会对机体造成一定的损伤，如何首乌，它有虽益于乌发，但服用过量时极有可能导致多器官衰竭。

　　2. 毒性物质的物理性质对人体中毒的影响

　　毒性物质的物理性质对人体中毒的影响通常表现在人体对毒性物质的吸收方面。毒性物质的溶解度越大，其在血液中的相对含量愈高，毒性也越大。另外，毒性物质的挥发性越大，其在空气中的浓度就越高，人们在呼吸时，经呼吸道进入机体内部的气量也就越多，随之危害性也增大。

　　3. 毒性物质与人体的作用方式与时间对人体中毒的影响

　　人体对毒性物质的具体反应，既受其毒性程度的影响，也与作用方式和时间有关。如一些不具有挥发性或低挥发性的固体、液体，除与之直接触碰外，中毒概率很小。对于具有挥发性的毒性物质，应谨防吸入而造成中毒，如具有挥发性的金属汞，人若在该环境中呼吸一定时间，则会逐步被其毒害；又如氰化钾（颗粒或粉末状），若与酸接触后，会发生分解反应并释放出有剧毒的氰化氢气体，对于这一物质一定要严防吸入，一旦吸入即可引发急性中毒。

　　4. 叠加效应

　　实验室中有各种各样的毒性物质，所以中毒者中不乏一些身中多种毒素的人。当人体被多种毒性物质侵害时，该类物质有可能会产生相互叠加效应而影响毒性，这一效应也被称作毒性物质的联合作用。它通常有三种表现形态：①独立作用，各毒性物质作用机理不同，因而对人体的影响也各异；②相加作用，各毒性物质结构相似、含有相同且数量相等的官能团，且对机体的作用方式与机理大体相似，当它们共同存在于人体时将出现剂量加和效果；③加强作用或拮抗作用，两种以上毒性物质同时存在时，其中一种对另一种的毒性有减弱效力时，则为拮抗作用；当其中一种对另一种毒性有加强效力时，则为加强作用。

三、中毒的途径及预防

　　1. 中毒的途径及预防

　　中毒现象的产生是因毒性物质侵入了人的体内，并对其身体与心灵造成了一定的伤害，严重时还可夺人性命。一般而言，人们与毒物接触的途径或方式不一样，其机体所遭受的毒害往往也不相同。而对于中毒的预防，最为关键的措施就是阻断有毒性物质侵入人体的通道。实践表明，各类毒性物质进入机体的主要通道有三种，具体内容如下。

（1）经呼吸道入侵

毒性物质经呼吸道入侵到人体内部而引发中毒的概率和危害程度是三种途径中最高的。人在正常呼吸下，毒性经吸气进入呼吸道，大部分均被肺器官吸收，然后透过肺泡壁混合到血液中，再经机体内循遍布到全身各处。尤其是那些浓度高、水溶性好的毒性气体，极易被人体吸收并快速在体内扩散，从而中毒现象愈加明显。在火灾事故中，吸入毒性气体而引起中毒窒息是令人丧命的一大主因。在化学实验室，实验必须在通风橱中进行，以防止实验过程产生或意外产生的有毒气体被吸入而发生中毒事故。处理有毒气体时，必须正确佩戴有效的防毒面具。此外，实验室通风性不好或通风时间过短也会引发慢性中毒或伤害。

（2）经消化道入侵

在实验室中，毒性物质经消化道入侵而造成人员中毒的现象并不多，要么是有蓄谋的毒害，要么是自身操作不规范或疏忽大意而意外服入毒物。进入消化道的毒性物质主要被胃和小肠吸收，被吸收的程度与该物质的结构、水溶性和中毒者胃中的物质相关。一旦发现有人不慎服入毒物，应即刻呕吐或洗胃，尽量减少其在胃肠中的停留时间。不在实验室中饮食，不将可食用物质或其包装容器带入实验室中是有效避免此种毒害的最佳方式。

（3）经伤口或皮肤入侵

有的毒性物质可经人的伤口或皮肤入侵到机体内部从而对其造成伤害，从伤口入侵的毒物主要是渗透到血液中，再通过体内循环遍布全身；而经皮肤入侵的毒物大多是经表皮屏障和毛囊渗入体内，也有少数经汗腺导管而入。毒性物质被皮肤吸收的速度与数量与其结构、浓度、脂溶性、温度及接触面积等多种情况有关，尤其是皮肤较为潮湿且温度也高时，毒性的蔓延数据将更快，毒害程度也愈大。因此，但凡是接触此类物质的实验活动，实验人员一定要戴完整无缺的乳胶手套，穿好防护服，减少皮肤暴露在外的面积，有效规避接触性毒害。

2.毒性物质对人体的伤害

毒性物质的可怕之处在于，它不能可以致人死亡，还具有致突变、致癌和致畸作用，常以各种各样的方式折磨着中毒者，让其痛不欲生。

（1）致突变

致突变是指基体的遗传物，主要是细胞核内构成染色体的脱氧核糖核酸（DNA），在一定条件下发生突变性、根本性变异，可导致不孕不育、早产、畸胎等，如亚硝胺类、甲醛、铅、黄曲霉毒素 B1 等。

（2）致癌

致癌作用是指某些致癌毒性物质，可导致体细胞突变，引发癌症病变。致癌毒性物质主要可分为两大类，一类为间接致癌物（如亚硝胺类物质、黄曲霉毒素、多环芳烃等），需经体内的代谢活化才能产生作用；另一类为直接致癌物（如烷化剂、酰化剂等），无须经过体内的代谢转化即可致癌。

（3）致畸作用

致畸作用是指毒性物质对胚胎产生各种不良影响，导致畸胎、死胎、胎儿生长迟缓或某些功能不全等缺陷的作用。

四、剧毒化学品的主要特点与管理

剧毒化学品主要包括三类：无机化合物、有机化合物及生物碱类物质。无机剧毒化学品多为含有氰基（－CN）、汞、磷、砷、硒、铅等化合物；有机剧毒化学品多为含有磷、汞、铅、氰基等的化合物；生物碱类多为含有氮、硫、氧的碱性有机物。

1. 剧毒化学品的主要特点

（1）毒性快速、剧烈。吸入量极少时，也可以在短时间内致人深度中毒或直接死亡。

（2）隐蔽性较强。具有水溶性，多为白色粉状、块状固体或无色液体，易与食盐、面粉、味精等混淆。还有一些无色也无明显气味，极易被忽略，在不知不觉中就已中毒。

（3）许多剧毒化学品同时还具有易燃、爆炸、腐蚀等特性。

2. 剧毒化学品的管理

（1）剧毒化学品的管理，包括购买、领取、使用及保管等各个方面，都必须根据国务院、公安部、各地方及学校的相关法规标准严格执行。

（2）对于剧毒化学品管理的重点要求是：要设专用库房和防盗保险柜，双人领取验收、双人使用、双人保管、双锁、双账的"五双"原则等。

（3）实验室不得制备、存放剧毒化学品。

五、实验室防止中毒的措施

在实验室中，需要完成各项实验活动，因而对于有毒化学试剂的使用是在所难免的，但必须采取周全、有效的安全防护措施以防中毒事件的产生

（1）尽量减少或避免剧毒、高毒化学品的使用，或以无毒、低毒的化学品或工艺代替有毒或剧毒的化学品或工艺。

（2）严格依照安全规程操作，整个实验过程应保持谨慎细心。

（3）实验前必须有预防措施，做好个人防护，且不得将防护用品带出实验室。

（4）实验过程中所有接触过剧毒化学品的容器、手套等不可随意放置，应严格清洗，注意消除二次染毒源。

（5）注意实验过程、溶液混合及加热等过程中有毒气体的突然产生与逸出。

（6）定期检查实验室内空气中有毒物质的浓度。

（7）注意实验室及实验过程中的通风和净化回收。

（8）采取隔离操作和自动控制等，防止人和有毒物质直接接触。

第八节　腐蚀品与使用防护

腐蚀品指能灼伤人体组织并对金属、纤维制品等物质造成腐蚀的固体、液体或气体（或蒸气）试剂。在实验室中，与各类具有腐蚀特性的物质相接触是不可避免的，如常见的三酸两碱（硝酸、硫酸、盐酸和氢氧化钠、碳酸钠），在使用过程中它们能够发挥各自强大的化学功效，帮助实验者实现各种各样的实验目的，但同时它们的危害也是不可小觑的，稍有不慎将会对人体造成极大的伤害。

一、腐蚀品分类与分级

依据腐蚀品的化学性质，可将其分为三大类，分别是：碱性腐蚀品、酸性腐蚀品和其他腐蚀品。而各类腐蚀品又可依据自身腐蚀性的强弱分级。常见腐蚀品的分类与分级见表6-5。

表6-5 常见腐蚀品的分类与分级

分类	分级	举例
酸性腐蚀品	一级无机酸性腐蚀品	硝酸、浓硫酸、氢氟酸
	一级有机酸性腐蚀品	苯甲酰氯、苯磺酰氯
	二级无机酸性腐蚀品	磷酸、三氯化锑
	二级有机酸性腐蚀品	冰醋酸、苯酐
碱性腐蚀品	无机碱性腐蚀品	氢氧化钠、氢氧化钾
	有机碱性腐蚀品	烷基醇钠
其他腐蚀品	无机其他腐蚀品	氯化铜溶液、氯化锌溶液
	有机其他腐蚀品	苯酚钠、甲醛溶液

二、腐蚀品的危险特性与防护

1. 腐蚀性

腐蚀性是所有腐蚀品最为明显的特性。对皮肤有强烈刺激性和腐蚀性。人体一旦直接接触到腐蚀品，皮肤将会产生程度不一的伤害，主要表现为皮肤表面灼伤、严重的深度创伤或组织坏死。

腐蚀品不仅能够对人体造成腐蚀危害，其腐蚀性对其他物质同样有效，如与木材、皮革等有机物质接触时，能够夺取其中的水分使之碳化；如与金属及非有机物也能发生反应而产生腐蚀作用，如氢氟酸与玻璃接触后可发生刻蚀作用。

最具代表性的腐蚀品为浓硫酸，其腐蚀性极强。而氢氟酸不但具有强酸的腐蚀特性，与皮肤接触，有剧痛感，可使组织深度坏死，严重时累及骨骼，若治疗不及时，有可能造成严重损害，因此使用过程中必须谨慎小心，尽可能避免伤害。

2. 毒害性

毒害性也是腐蚀品的一大特性，大部分腐蚀品都带有一定的毒害性，如氢氟酸、五溴化磷等。有的腐蚀品甚至带有剧毒，如发烟硫酸，其挥发的三氧化硫对人体有着较大的毒害性。

3. 易燃性

大部分有机腐蚀品都具有易燃性，如冰醋酸、丙烯酸等。

4. 较高的氧化性

有些腐蚀品本身虽不燃烧，但具有较强的氧化性，在与某些可燃物接触或处于高温条件下时，可引燃可燃物质，甚至引发爆炸。如高氯酸，当其浓度大于72%时属于爆炸品，一旦遇热将引发爆炸；当其浓度不超过72%时属于无机酸性腐蚀品，但接触到还原剂或受热时也有一定的爆炸风险。

5. 遇水反应特性

有些腐蚀品具有遇湿或遇水反应性，反应过程中可放出大量的热或有毒、腐蚀性的气体。

在实验室，规避腐蚀品伤害的最佳方法是全面了解腐蚀品试剂的化学特性，并做好个人防护，尽量不与之直接接触。

三、腐蚀品储存和使用过程中的注意事项

腐蚀品具有较大的危险性，在实验活动中运用较为频繁。因此，在腐蚀品的储存和使用中，不但要熟悉其化学特性，还需注意以下事项。

（1）腐蚀品应储存于阴凉、通风、干燥的场所，避免阳光直射。

（2）有机腐蚀品严禁接触明火或氧化剂。

（3）具有氧化性的腐蚀品不得与可燃物和还原剂同柜储存。

（4）酸性腐蚀品应远离氰化物、氧化剂、遇湿易燃物质。

（5）接触、使用腐蚀品前要熟悉腐蚀品的化学特性，做好个人防护。

（6）腐蚀品长期保存时应严防泄漏，应注意检查其周边的设备，查看它们是否受到腐蚀品的发挥性气体的慢性腐蚀。

（7）对于凝固点比较低的冰醋酸、苯酚等，冬季取用时，切不可采取直接加热融化的方式。

四、腐蚀品火灾的扑救

腐蚀品对人体有一定的危害性，有的可灼伤皮肤，有的有毒，因而在腐蚀品着火现场，所有的救火人员都应穿防护服，佩戴防毒面具。腐蚀品着火时，一般可用雾状水或干砂、泡沫、干粉等扑救，不宜用高压水，以防液体飞溅，伤害自身以及周边的人员和实验设备。

五、常见腐蚀品简介

1. 硝酸

硝酸为无色透明发烟液体，工业品常呈黄色或红棕色。能与水以任何比例相混合。有硝化作用，能在有机化合物中引入硝基而生成硝基化合物。相对密度 1.41（68%）、1.5（无水），沸点 120.5 ℃（68%）、86 ℃（无水）。在各行各业中运用极广，如化肥、国防、冶金、制药等。

硝酸是强氧化剂，遇金属粉末、松节油立即燃烧，甚至爆炸。与还原剂、可燃物，如糖、木屑、稻草等接触可引起燃烧。遇氰化物则产生剧毒气体。有强腐蚀性，其蒸气对眼睛和上呼吸道有着较强的刺激性，若溅到皮肤上可使接触部位灼伤，一旦皮肤不慎与之接触应迅速用苏打水冲洗，然后再做其他处理。

火灾现场有硝酸时，可采用沙土、二氧化碳、雾状水（禁用加压的柱状水，以防飞溅危及消防人员安全）等灭火。

储运注意事项：储存于铝罐、陶瓷坛或玻璃瓶中，陶瓷坛可露天或棚下放置，下垫沙土，上盖瓦钵。远离易燃、可燃物，并与碱类、氰化物、金属粉末隔离储存。泄漏物可用沙土或白灰吸附中和，再用雾状水冷却稀释后处理。

2. 硫酸

硫酸为无色透明黏稠液体。相对密度 1.84，沸点 330 ℃。能与水以任何比例混合，遇水大量放热。硫酸具有强烈的刺激性和腐蚀性，溅入眼内可造成灼伤、角膜穿孔，甚至失明。吸入蒸气可引起呼吸道刺激。

浓硫酸具有强氧化性，可与某些有机物发生磺化反应。稀硫酸与金属反应放出氢气。火灾现场有硫酸时，可采用干沙、干粉灭火剂灭火。

3. 氢氧化钠

氢氧化钠为白色易潮解的固体，有强吸湿性，易吸收空气中的二氧化碳而变质。易溶于水，不溶于丙酮、乙醚。

氢氧化钠具有强烈的刺激性和腐蚀性。粉尘对眼睛和呼吸道有强烈的刺激作用，皮肤和眼接触可引起灼伤，误服可引起消化道灼伤、黏膜糜烂、出血、休克。

氢氧化钠与酸发生中和反应并放热。遇水和水蒸气放出热量，形成腐蚀性溶液。氢氧化钠不燃，火灾现场有氢氧化钠时，应根据着火原因选择合适的灭火剂灭火。

4. 苯甲酰氯

苯甲酰氯为无色发烟液体，有刺激性气味。沸点 197 ℃，闪点 72 ℃，引燃温度 185 ℃。可溶于乙醚、苯等。

苯甲酰氯对皮肤和黏膜有强烈的刺激性，皮肤接触可引起灼伤。遇明火、高热可燃，遇水或水蒸气反应放热并产生有毒的腐蚀性气体，对很多金属（尤其在潮湿空气中）有腐蚀作用。

苯甲酰氯发生火灾时可用干粉、二氧化碳灭火器灭火。

5. 液溴

液溴为深红棕色的发烟液体，熔点 –7.2 ℃，沸点 58.78 ℃。液溴容易挥发，其腐蚀性和毒害性非常强。在常温下，能挥发出有强烈刺激性的烟雾。液溴性质活泼，是强氧化剂，遇砷、锑放出火花而化合。与有机物混合，可引起燃烧。能溶于醇、醚、碱类及二硫化碳，微溶于水。在气相中溴单质将氨氧化为氮气并产生白烟（溴化铵），此原理也被运用于有无溴泄漏的检测中。

溴蒸气对皮肤、黏膜有强烈刺激作用和腐蚀作用。中毒较轻微时，人会出现浑身乏力、胸闷、恶心等症状；中毒较深时，会出现头痛、呼吸窘迫、咳嗽、流泪、痉挛等症状；有的还会出现支气管哮喘、肺炎等。人体对于溴蒸气非常敏感，即使其浓度较低，一旦被吸入也能够造成伤害，如使人落泪、流鼻血、头晕等。其最高容许浓度为 0.5 mg·m⁻³，中毒 35 分钟左右可致死。液溴能灼伤皮肤，产生刺痛感，不易医治。因此，要尽量避免皮肤与液溴的直接接触，若不慎溅射到皮肤上，应迅速用大量清水冲洗，然后用酒精擦洗，并送医院治疗。

在实验室，应用磨口的细口棕色试剂瓶盛装液溴，并在瓶内加入适量的蒸馏水或饱和食盐水，使挥发出来的溴蒸气溶解在水中形成饱和溴水，以减少液溴的挥发，即采用"水封"。细口瓶应用玻璃塞而不用橡胶塞密封，置于阴凉处。

表 6-6 列出了部分无机化合物和有机化合物的毒性及腐蚀性。

表 6-6 部分无机化合物和有机化合物的毒性及腐蚀性

无机化合物			
亚硝酸盐类物质	⊙△	五氧化二砷	○

无机化合物			
亚硒酸盐类物质	○	五氧化二磷	△
亚碲酸盐类物质	○	三氯化硼	○
亚砷酸盐类物质	○	三氯化磷	○△
锑	⊙	铀的氧化物	○
氨水	△	氯的氧化物	○
铀	○	锇的氧化物	△
氯化锑	△	氧化钙	△
氯化铟	○	三氧化二铬	△
氯化铬酰	○△	氧化汞	○
氯化汞	○	二氧化硒	○
氯化锡	△	氧化铍	○
硫酰氯	○△	三氧化二砷	●
亚硫酰氯	△	二氧化二硼	○
四氯化钛	△	三溴化硼	○
氯化钡	△	金属类氰化物	⊙
氯酸钡	△	氰化钾	●△■
氯化铍	○	氰化氢	●
高氯酸	△	氰化钠	●△■
高氯酸镁	△	氰酸盐	⊙
过氧化钙	△	氰金酸盐	⊙
过氧化氢	⊙	双氰银酸盐	⊙
过氧化锶	△	双氰化合物	○
过氧化钠	⊙	溴化汞	○
镉	○■	氢溴酸	⊙△
高锰酸钾	△	重铬酸盐	■
钾	⊙△	硝酸	⊙△
钙	△	硝酸双氧铀	△

无机化合物			
铬酸盐	○■	硝酸银	○
氟硅酸	⊙	硝酸铬	○
五氯化磷	○△	硝酸汞	○
硝酸铊	○	发烟硫酸	⊙△
硝酸铍	○	砷酸	●
汞	●	砷酸盐	●
氢氧化钾	⊙△	砷酸一氢盐	●
氢氧化锶	△	砷酸二氢盐	●
氢氧化钠	⊙△	铀的氟化物	○
氢氧化钡	△	氢氟酸	○△
氢氧化铍	○	铍的化合物	○■
氢氧化锂	△	铬酐	⊙
氢氧化钙	△	碘化银	△
氢化钠	△	碘化汞	○
砷化氢	○	氢碘酸	△
硼化氢	○	碘	⊙
氢化锂	△	锂	△
磷化氢	○	硫化锌	△
硒	●	硫化磷	●
硒化氢	○	硫酸	⊙△
硒酸钠	○	硫酸铟	△
碳酸铍	○	硫酸银	△
硫氰酸汞	○	硫酸锶	△
四氰镉酸钾	○	硫酸铊	⊙
四氰铂酸钾	·○	硫酸铜	△
碲酸盐	○	硫酸铍	○
钠	⊙△	磷	○

无机化合物			
氨基钠	△	磷酸	△
羰基镍	○■	磷化锌	⊙
八氧化三铀	○	磷化铝	○
发烟硝酸	⊙△	磷化钙	⊙
有机化合物			
丙烯酸酯	○	丙烯醛	⊙
丙烯腈	⊙■	乙醛	△
乙腈	○	过氧化脲	⊙
左旋肾上腺素	○	过氧化苯酰	△
苯胺	⊙	咖啡因	○
2—氨基乙醇	○	甲酸	△
氨基联苯	■	甲酸铊	○
烯丙醇	○△	二甲基苯胺	○
烷基苯胺	⊙	奎宁	○
烷基甲苯胺	⊙	甲酚	○
异丙胺	○	氯乙酸	△
异佛尔酮	○	1—氯—1—硝基丙烷	○
胰岛素	○	三氯硝基甲烷	⊙
吲哚	○	氯丁二烯	○
乙胺	○△	氯仿	⊙△■
二乙基汞	■	乙烯酮	○
乙苯	○	秋水仙碱	○
乙硫醇	⊙	乙酸	△
氯丙环	■	乙酸双氧铀	○

无机化合物			
乙二醇丁基醚	○	乙酸双氧铀锌	○
乙二醇甲基醚	○	乙酸汞	○
2-氯乙醇	○	乙酸钡	△
乙二胺	○	乙酸乙烯酯	△
氰丙烷	⊙	乙酸己酯	○
烯丙基氯	○	2-甲氧基乙酸乙酯	○
氯乙烷	⊙	水杨酸	△
二氯乙烷	○	乙醚三氯化硼	○
氯乙烯	○	乙醚三溴化硼	○
氯代联苯	■	乙醚三氟化硼	○
卡基氯	○	二丙酮醇	○
氯甲烷	○	二乙胺	○
异狄氏剂	○	二甘醇乙基醚	○
环己醇	○	四氯化碳	⊙△■
环己酮	○	四甲基铅	●■
放线菌酮	○	三乙胺	○
2，2′-二氯乙醚	○	三氯乙烷	■
二氯乙酸	⊙	三氯乙烯	■
二氯丁炔	⊙	三氯乙酸	⊙△
二氧代联苯胺	■	三氯丙烷	○
邻二氯苯	○	三硝基甲苯	△
双烯酮	○	三硝基苯	△
四溴乙烷	○	三丁胺	△
4，6-二硝基邻甲酚	●	三丙胺	△
二溴乙烷	⊙	三甲胺	△

无机化合物			
二溴氯丙烷	⊙	二异氰酸甲苯酯	○■
二甲基乙酰胺	○	邻甲苯胺	⊙
二甲胺	⊙	甲苯	■
二甲苯胺	○	萘	○
二甲基磷酸酯	●	β－萘胺	■
二甲基甲酰胺	○	α－萘硫脲	○
二甲基硫酸盐	⊙■	β－萘酸	⊙△
溴化乙烯	⊙	左旋－尼古丁	●
溴甲烷	⊙	对硝基苯胺	○
草酸	△	邻硝基氯代苯	■
八甲四氨焦磷酰	○	硝基甲苯	○
马钱子碱	○	硝基联苯	■
氨基硫脲	●	酸乙酯	○
硫丹	○	硝基丙烷	○
四乙基铅	●■	硝基苯	⊙△
四乙基焦磷酸盐	●	三聚乙醛	△
四氯乙烷	⊙■	一六Ｏ五（农药）	●
四氯乙烯	■	对甲苯二胺	⊙
四硝基甲烷	○	对苯二胺	⊙
吡啶	○△	丙二酸铊	○
焦磷酸四乙酯	○	醋酸酐	○
苯乙酸汞	○	邻苯二甲酸酐	△
苯肼	○	异丙叉丙酮	○
苯二胺	△	甲醇	■⊙

续 表

无机化合物			
苯酚	○△■	甲苯胺	○
芬硫磷	○	甲胺	○
邻苯二甲腈	■	甲基汞	■
丁胺	○	甲基索佛那	⊙
对一特丁基甲苯	○	甲基恭氨基甲酸酯	⊙
特丁基硫醇	○	甲基一六〇五	○
氟乙酰胺	●	甲肼	○
氟乙酸钠	○	甲硫醇	○
二甲马钱子碱	○	一氯代乙酸	⊙
糠醛	○	一氟代乙酸	●
丙撑亚胺	○	一氟代乙酰胺	●
三溴甲烷	○	1,4-氧氮杂环乙烷	○
正己烷	■	碘甲烷	■
联苯胺	■	硫酸二乙酯	△
苯甲醇	△	硫酸二甲酯	⊙△■
苯	○△■	硫酸菸碱	○
对苯醌	△	硫氰乙酸乙酯	⊙
五氯苯酚	⊙△■	鱼藤酮	⊙
马拉松（农药）	○		

注：●：剧毒物；⊙：毒物；○：一般毒性物质；△：腐蚀性物质；■：特别有害物质。

第九节　放射性物质与辐射防护

依据国家标准《危险货物分类与品名编号》，属于危险化学品范畴的放射性物质是指放射性核素，并且其活度和比活度均高于国家规定豁免值的物质。

一、放射性物质及来源

某些物质的原子核能发生衰变，放出人体无法直观感受到，只能借助专门的仪器才能探测到的射线，物质的这种特性即为放射性。放射性物质是指能够自然地向外辐射能量，发出射线的物质。此类物质大多是一些原子质量较高的金属，如钋、铀等。放射性物质放出的射线主要有三种，即 α 射线、β 射线和 γ 射线。

辐射也可分为电离辐射和非电离辐射。电离辐射是指一切能引起物质电离的辐射总称，其种类包括：高速带电粒子（α 粒子、β 粒子、质子等）、中性粒子和电磁波（X 射线、γ 射线等）。非电离辐射的能量较电离辐射弱，它并不会电离物质，仅会改变分子或原子的旋转，振动或价层电子轨态。

当前，人们将电离辐射广泛地运用于生活与生产中，如实验室、医疗卫生部门、工业制造厂等均离不开电离辐射。此外，很多现代分析仪器利用电离辐射为探针进行物质理化性质、物质结构的测试分析，很多仪器装备有 X 射线发生器、电子及离子源等。由以上可知，电子辐射是现代社会发展的重要且不可或缺的生产生活手段，有关部门及其从业者必须掌握一定的辐射安全防护方法，才能趋利避害，在尽全力发挥各类物质最大辐射功效的同时，也能够保护好自身和他人的生命健康安全，使其免受辐射危害。

具有相同质子数 Z 的一类原子称为元素或同位素，而质子数 Z 和中子数 N 相同的一类原子称为核素。已知的核素有两类，一是稳定核素；二是放射性核素。放射性核素指不稳定的原子核，能自发地释放出粒子（α 粒子、质子等）和射线（如 α 射线、X 射线等），通过衰变形成稳定的核素。衰变时放出的能量称为衰变能，衰变到原始数目一半所需要的时间称为衰变半衰期。物质的这种现象被称为放射性，具有这种性质的核素称为放射性核素，含有放射性核素的物质即放射性物质。

放射性核素可分为天然放射性核素和人工合成放射性核素。在元素周期表中，有 10 种元素（Z=84 ~ 92 及 94）是属于天然的放射性元素，这些元素存在于自然界的矿石中，如铀矿。至今，人们已经人工合成了近 2700 多种放射性同位素，如将稳定的核素 ^{59}Co 放入核反应堆中可产生放射性核素 ^{60}Co，其能够发生 β 衰变，放射出 β 射线和 γ 射线。

二、放射源强度表示与测定

放射性核素的强度一般有两种表示方法，即专用单位和国际单位。活度的专用单位是居里，符号为 Ci，即将 1.0 g 放射性物质 ^{226}Ra 的活度定义为 1 居里（Ci），目前在实验室通常使用毫居里（mCi）或微居里（μCi）级别的放射源。在国际单位制中，放射性强度单位用贝克勒尔，简称贝克，符号为 Bq，1 Bq 为一秒内发生一次核衰变。

两者的换算关系为：

$$1 \text{ Ci}=3.70 \times 10^{10} \text{ 衰变 }/s=3.70 \times 10^{10} \text{ Bq}$$

放射源强度测定的方法与仪器主要有：盖革计数器（测量 α，β 放射源）、液体闪烁计数器（测量低能 β 放射源）和固体闪烁计数器（测量 γ，X 射线源）。测得的计数率正比于放射性强度。

电离辐射强度通常采用照射量（X）或吸收量（D）表示。照射量（X）用 γ 或 X 射线在空气中产生的离子对数来表示射线的强度，单位为伦琴（R），国际单位（SI）是库仑 / 千克（C·kg⁻¹）。

$$1 \text{ R}=2.58 \times 10^{4} \text{ C}\cdot\text{kg}^{-1}$$

吸收量（D）表示单位质量物质吸收电离辐射的能量。其专用单位是拉德（Red），国际单位（SI）是焦耳 / 千克（J·kg⁻¹），SI 专用名称为戈瑞（Gy）。

$$1 \text{ Gy}=1 \text{ J}\cdot\text{kg}^{-1}=100 \text{ Red}$$

三、辐射危害与防护

1. 辐射危害

电离辐射对人体的危害是由超过允许剂量的放射线作用于机体的结果。辐射与人体的作用可分为体外辐射与体内辐射。体外辐射是指辐射源从体外照射人体，并在体内发生作用。α 粒子、β 粒子、γ 射线、X 射线等都会产生体外辐射，其照射量的多少以及程度主要取决于各射线的种类和能量。人体皮肤对于大部分 β 粒子具有一定的防护性，可阻止其穿透，因此体外的伤害一般较轻微，但其威力却足以损伤皮肤和眼睛。高能 β 粒子可以穿透几毫米的表皮层，所以必须对外部辐射加以屏蔽以减少照射量。通常厚度为 13 毫米的有机玻璃可有效屏蔽大多数的 β 粒子辐射。与 β 粒子相比，α 粒子很少能穿透皮肤最表面的角质层，所以，α 粒子通常不被认为具有外部辐射危害。相较于 α 粒子和 β 粒子，γ 射线和 X 射线的穿透性更强，因而对此类射线一定要严加防范。体内辐射是由于吞食（放射性污染的食物、水等）、吸入（放射性污染的空气）、接触（皮肤沾有放射性污染物）放射性物质，或通过受伤的皮肤直接侵入体内造成的。体内辐射可使体内的组织和器官长期遭受侵害，且损伤程度较大。

电离辐射对人体细胞组织的伤害，主要表现为阻碍和伤害其活动机能，并能够致细胞死亡。人体长期或反复受到允许放射剂量的照射，体内的细胞机能会发生变化，如白细胞大量增多，眼睛变得浑浊，皮肤变干、变粗糙，毛发脱落，内分泌失调等。较高剂量能造成贫血、白细胞减少、胃肠道溃疡、皮肤溃疡或坏死。在极高剂量放射线作用下，造成的放射性伤害主要有三大类，具体内容如下。

（1）对中枢神经和大脑的伤害：受辐射者一般会出现虚弱、嗜睡、意识模糊、肌肉收缩、痉挛等不良反应，其剩余寿命通常不超过两周。

（2）对胃肠的伤害：受辐射者通常会出现恶心、呕吐、腹泻等不良现象，症状消失后可出现急性昏迷，一般在半月内死亡。

（3）对造血系统伤害：初期受辐射者一般会出现呕吐、腹泻等症状，但不久便会恢复，2～3周无病症之后，不良反应会再一次出现，如毛发脱落、反复流鼻血、腹泻等，造成极度憔悴，2～6周后死亡。

对于辐射，既要有全面深入地认识，也要有细致周全的防护。大量实践证明，在一定剂量内的照射，也有可能对人体的抗辐射能力产生积极作用。即使不从事放射性作业，人体也不能完全避免放射性辐射，这就是天然本底辐射（包括宇宙射线和自然界中天然放射性核素发出的射线）的结果。地球上每人每年接受宇宙射线约35 mR；接受大地放射性物质的射线约100 mR；接受人体内的放射性物质的射线约35 mR。以上三方面是天然本底照射的基本组成，总剂量为每人每年约170 mR。此外，在体检与医疗上，辐射也发挥着重要且不可替代的积极作用。具体照射量与人体出现的相应症状见表6-7。

表6-7 照射量与人体出现的相应症状

照射量	症状
10 000 R；全身一次性照射	照射几小时后死亡；明显的神经和心血管衰竭（脑血管综合征）
500～1200 R；全身一次性照射	照射几天后死亡；带血腹泻，小肠黏膜受损（胃肠综合征）
250～500 R；全身一次性照射	照射几星期后死亡（50% 死亡率）；骨髓受损（造血综合征）
50～250 R；全身一次性照射	程度不同的恶心、呕吐、腹泻、皮肤红斑、脱发和免疫力下降
100 R；全身一次性照射	中度辐射病，白细胞计数减少
25 R；全身一次性照射	血液中淋巴细胞计数减少
10 R；全身一次性照射	外周血液中的异常染色体数目增加，无其他可觉察损伤症状

2. 电离辐射的防护

辐射防护的关键在于"时间""距离"和"屏蔽"，主要防护措施如下。

（1）缩短接触时间

一般而言，射线照射的时间越长，接受的累计剂量越大，相关从业者的受伤害程度也就愈深。为了控制他们的照射剂量，应缩短工作时间，禁止在有射线辐射场所作不必要的停留。若工作场所中的射线剂量较大，且防护条件有限时，可让操作者分批轮流进行，以减少其受照射时长，确保他们生命健康的安全。

（2）加大操作距离或实行遥控

放射性物质的辐射强度与距离的平方成反比。因此，可采取加大距离、实行遥控等办法，尽可能减少辐射对人的伤害。

（3）屏蔽防护

在从事放射性作业、存在放射源及储存放射性物质的场所，采取屏蔽的方法是减少或消除放射性危害的重要措施。屏蔽的材质和形式通常根据放射线的性质和强度确定。屏蔽 γ 射线常用铁、砖等；而屏蔽 β 射线常用有机玻璃、铝板等。

弱 β 放射性物质，如 ^{14}C、^{35}S、^3H，可不必屏蔽；强 β 放射性物质，如 ^{35}P，则要以 1 cm 厚塑胶或玻璃板遮蔽；当发生源发生相当量的二次 X 射线时，便需要用铅遮蔽。γ 射线和 X 射线的放射源应在有铅或混凝土屏蔽的条件下储存，屏蔽的厚度根据放射源的放射强度和需要减弱的程度而定。

（4）个人防护服和用具

在任何有放射性污染或危险的场所，都必须穿工作服、戴胶皮手套、穿鞋套、戴面罩和护目镜。在有吸入放射性粒子危险的场所，要携带氧气呼吸器。在发生意外事故导致大量放射污染或被多种途径污染时，可穿供给空气的衣套。

（5）操作安全事项

合理的操作程序和良好的卫生习惯，可以减少放射性物质的伤害。其基本要点如下。

①为减少破损或泄漏，应在受容盘或双层容器上操作。工作台上应覆盖能吸收或黏附放射物的材料。

②采用湿法作业，并避免放射物经常转移。不得用嘴吸或吹动液体，手腕以下有伤口时，不应操作。使用过的各类器皿，应放在专门的吸收物质上，不可乱丢乱放。

③放射性物质应存放在有屏蔽的安全处所，易挥发的化学物质应放在通风良好处。为防止因破损而引起污染，所有装放射物的瓶子都应储存在大容器或受容盘内。

④在放射物作业场所，严禁饮食和吸烟。作业结束后，相关操作者应将全身的放射性清除完全后再离开放射区，且手部需涂抹上肥皂，并用温水反复清洗。

（6）信号和报警设施

对于辐射区或空气中具有放射活性的地区，以及在搬运、储存或使用超过规定量的放射物质时，均应严格按照规定在显眼处设置警告标志或标签。在所有高辐射区都应有控制设施，使进入者可能接受的剂量减少至每小时 100 mR 以下，并设置明显的警戒信号装置。在存放放射物质的区域，应设置能够覆盖全区域的自动报警系统，以便于在发生危险事故时，所有人员都能够清楚听到撤离警报，并迅速安全撤离。

第七章 实验室危险废弃物的处理

实验室是科研实验的重要场所，有些实验室几乎每天都得进行多种实验，随之便会产生大量不同种类的废弃物。一般而言，废弃物的种类和数量主要取决于相关的实验，种类繁多、组分复杂、集中处理不便是其特点。实验室废弃物，特别是由生化实验所产生的废弃物，不仅对人类生命健康有所威胁，若处理排放不当还会对环境造成不同程度的污染。由此可见，各实验室理应根据废弃物的性质，对其进行无害化处理，防止有害物质的流出损害人类和大自然。

第一节 废弃物的分类及来源

一、实验室废弃物的分类

实验室废弃物的分类方法众多，常用分法及具体内容见表7-1。

表7-1 实验室废弃物的常见划分方法及具体内容

序号	划分依据	分类	定义	举例
1	化学性质	有机废弃物	在实验活动中产生的丧失原有利用价值或者虽未丧失利用价值但被抛弃或者放弃的固态、液态或者气态的有机类物质	挥发性有机物：苯、甲醇、丙酮等 卤代烃：氯仿、氯苯等 多环芳烃：萘、菲等 有机金属化合物：甲基汞、三丁锡等

序号	划分依据	分类	定义	举例
1	化学性质	无机废弃物	实验中产生的重金属、无机化合物等	重金属：铜、镍、镉等 无机化合物：氯化钠、氢氧化钠、氰化钾等
2	危害程度	一般废弃物	较常见的、对环境和人体相对安全的废弃物	废纸、废塑料、玻璃瓶等
		有害废弃物（危险废弃物）	具有腐蚀性、毒性、易燃易爆性、反应性或者感染性等一种或多种危险特性的废弃物	己烷、邻二甲苯、各类生化实验的残留物质等
3	属性	化学性废弃物	列入国家危险废物名录或者根据国家规定的危险废物鉴别标准和鉴别方法认定的具有危险特性的废弃物	实验室中使用或产生的废弃化学试剂、样品、分析残液及盛装或被危险化学品污染的器物等 被微生物污染的实验耗材、实验垃圾等
		生物性废弃物	开展生物性实验所涉及的生物、仪器设备，以及此过程中产生的一些废弃物质	实验中使用过或培养产生的动植物的组织或器官、培养基等
		放射性废弃物	含有放射性核素或被放射性核素污染，其浓度或比活度大于规定的清洁解控水平，并且预计不再利用的物质	医学实验、生化实验、矿物质冶炼中产生的某些残渣
4	状态	固体废弃物	实验活动中产生的固态或半固态废弃物质	消耗和破损的实验用品（如玻璃器皿、包装材料等） 残留或失效的固体化学试剂以及生活垃圾
		废液	实验过程中产生的液态废弃物质	酸碱性废水、挥发性有机溶剂、低挥发性有机溶剂、含卤素有机溶剂、含重金属废液、含盐废液
		废气	实验过程中产生的气态废弃物质	有机蒸气、悬浮颗粒、有毒有害气体

二、实验室废弃物的来源

实验室废弃物种类繁多，依据不同的分法可以划分为多种废弃物，此处主要依据废弃物的状态划分，分别对其来源展开阐述。

（一）固体废弃物的来源

实验室固体废物来源广泛，成分复杂。例如，实验原料、废弃的实验产物、废弃的仪器设备以及生活垃圾等。在化学实验中，实验室的废弃实验产物中，有未反应的原料、副产物、中间产物；有化学反应中添加的辅助试剂，如催化剂、助催化剂的剩余物；还有化工单元操作中产生的固体废弃物，如精馏残渣及吸附剂等。在生物实验中会有固体培养基等废弃物，还会产生大量的实验器械与耗材类废弃物，如吸头、吸管、离心管、注射器、手套等一次性用品。在食品实验室会有下脚料、添加剂等固体废弃物产生。实验室将固体废弃物放置于室内，不仅需要占用大量空间，使实验场所变得拥挤，还影响整体美观。此外，有的固体废弃物性质不稳定，易挥发出有毒害性的气体，严重威胁到实验室人员与环境的安全。未经处理而放置于环境中的固体废弃物会在自然环境条件作用下，释放有害气体、粉尘或滋生有害生物，产生恶臭味，或是其中的有毒有害物质被雨水冲刷后进入土壤以及水体，再经过生物链造成更大的污染和伤害。

（二）废液的来源

实验室废液主要有有机废液及废水。实验室废液中污染物的种类以及排出量主要取决于具体的实验，一般而言，各行各业在科研实验过程中所产生的废液并不相同。如石油化工、纺织印染、造纸等行业在生产制造过程中均会产生大量的废水。在炼油过程中会产生大量的含油废水以及高酸碱的废水，因此实验室中与之相关的模拟操作也会生成此类废液；在冶金方面的科研实验，往往也将产生大量含有金属离子的废液；在制药、日化行业，会产生大量的有机废液以及含有各种有机物、无机物的废水。

（三）废气的来源

实验室产生的废气有挥发性有机物、粉尘、有毒有害气体等。在化学、食品、制药等实验室都会用到有机溶剂，其中一些溶剂具有易于挥发的特性，一旦挥发，不仅会污染空气，还将随着呼吸道进入人体，损害人的健康，如苯、甲醛、乙醚等。还有一些化学试剂，敞开后易生成酸雾，如盐酸、三氟乙酸等。而在某些实验室中会有大量的粉尘产生，如金属加工会产生金属粉尘、纳米材料实验室也会有纳米颗粒悬浮在空气中，此类粉尘增多，人体若长时间吸入会损害健康，且当浓度上升到一定程度后，一旦遇到火花便会引发爆炸。在一些医学、生物学的实验室中会产生生物污染物，其中某些病毒、致病菌等会扩散到空气中，经呼吸道吸入引起人体病害。此外，部分实验活动还会生成一些有毒有害气体，如 CO、SO_2、H_2S 等。

第二节　废弃物的危害

我国拥有各类高校、科研单位、卫生、检验检疫、环保以及企业的实验室2万余个，这些实验室在运行过程中会产生大量废弃物，很多含有剧毒的、致突变、致畸形、致癌等物质。这些废弃物，如果不经处理或处理不善，将对相关人员的生命健康和环境安全造成严重危害。譬如，2021年1月我国山东诸城某街道一企业违法倾倒化工废料，这些废料挥发出有毒气体，致使多人吸入中毒，其中四人更是因此丧命；近年来，环卫工人因处理垃圾而导致手部炸伤、脸部炸伤、双手腐蚀、上肢中毒截肢等现象频频发生，究其原因，都是因为废弃物未处理或处理不当所导致的。

一、对人体的危害

在堆放着有害废弃物的实验室中，科研人员若长时间暴露其中，其身体健康势必会受到一定的毒害影响，如腐蚀、过敏、昏迷、麻醉、致畸、矽肺等。在实验室环境中，有毒害作用的废弃物可通过直接接触以及空气、食物、饮水等方式对人体造成伤害。如操作不当或防护不当，在实验过程或处理时不慎接触到此类废弃物，可导致皮肤脱落，引起皮肤干燥、疼痛、发炎等症状，有的化学物品、病毒可能通过皮肤进入机体内，阻碍机体的正常运转，威胁人的生命健康；实验室废弃物有部分有机物易挥发，暴露在其中的人员通过空气吸入后，会产生头痛、乏力、视力减退、意识模糊、中毒等不良反应，长期在此环境中会使人体的免疫力下降，患癌风险提高；在一些管理不严格的实验室，实验人员将饮用水、食物等带到实验室，飘浮在空气中的有害物质会附着在水和食物的表面，同时残留在手上的试剂等有害物质也将经过消化道到达体内，影响到人体健康；此外，排放到环境中的废弃物会将有毒害的物质释放到空气、水以及土壤中，然后经过植物、动物的富集，最终通过饮食将此类有毒害物质富集到人体中，如20世纪，折磨着日本富山县诸多民众数十年的"痛痛病"（也称"骨痛病"，患病之初部分关节疼痛，严重后全身骨痛欲裂，行走与呼吸都困难，骨质变形且松软易断，使人痛不欲生），就是由含重金属镉的废水所引起的，该县居民的生产生活用水主要来源于神通川河，而该河上游新建了一座炼锌厂，该厂将生产制造所产生的废水排放到了河流中，使得河水、稻谷、蔬菜、鱼虾等均富集了大量的镉，当地居民长期（尤其是女性）摄入此类物质后，镉又在人体内日渐富集，由此人们便染上了这种怪病。

二、对环境的危害

随着社会经济的发展、科研学术的进步、生产生活的需要，各种各样的实验室相继建立，实验活动也变得频繁深入起来，实验室用品以及由实验所产生的废弃物也与日俱增，随之大量未处理或处理不当的废弃物被排出。近年来，其排放问题和排放后所造成的污染问题愈加突出，也成了广大民众所关心的热点问题。实验室产生的废弃物不仅会直接污染环境，而且有些化学废弃物在环境中经一定条件的作用易形成二次污染，危害更大。固体废物对环境污染的危害具有长期潜在性，其危害有可能潜伏多年才会有明显体现，而且一旦造成污染危害，由于其具有的反应呆滞性和不可稀释性，往往无法根除。有部分实验室的酸碱废液及有机废液未经过无害化处理便直接往下水道中倾倒，长此以往势必会形成污染源，如富含氮、磷的废水会使水体富营养化，水中的藻类、微生物等快速生长，疯狂蔓延，从而大量消耗水中的氧，迫使水中的鱼虾难以存活，打破生态平衡。而且藻类和微生物繁殖到一定程度后会因缺氧或自然死亡，从而腐烂，并释放出甲烷、硫化氢、氨等难闻气味，造成严重的环境污染。此外，有些实验室设立在人口密集的城市中，众多实验室同时长期地通过通风橱向外排放实验中产生的有毒有害气体，对周边的空气质量也有一定的消极影响。

三、废弃物贮存一般注意事项

一般情况下，实验室每日产生的废弃物数量不多，且种类繁杂、性质不一，通常将其分类收集待达到一定存量后再集中处理（自行处理或交由专门单位处理）。因而，在集中处理之前就涉及到对其分类收集与贮存的问题，以免因不当操作而造成不良影响。对于实验室有害废弃物的贮存可参照国家标准 GB 18597—2001《危险废物贮存污染控制标准》及 HJ 2025—2012《危险废物收集、贮存、运输技术规范》。实验室在贮存废弃物时必须做到下列要求。

（1）贮存区域应保证良好的通风性，且远离火源、热源，有高温易爆或易腐败特性的废弃物还应存放在低温环境中。

（2）在常温常压下易爆、易燃及会挥发出有毒害气体的危险废弃物需首先采取预处理，待其性质相对稳定时再贮存，否则，按易燃、易爆危险品贮存，并尽快处理。

（3）危险废弃物必须装入到完整且密封性良好的容器中，此外，该容器材料和衬里也不得选择能够与此类危险废弃物产生反应的。

（4）禁止将不相容（相互反应）的危险废弃物混装于同一容器内，如过氧化物与有机物；氰化物、硫化物、次氯酸盐与酸；盐酸、氢氟酸等挥发性酸与不挥发性酸；浓硫酸、磺酸、羟基酸、聚磷酸等酸类与其他的酸；铵盐、挥发性胺与碱。

（5）装载液体、半固体危险废弃物的容器内必须留足够的空间，防止膨胀，确保容器内的液体废弃物在正常的处理、存放及运输时，不因温度或其他物理状况改变而膨胀，造成容器泄漏或变形。

（6）对实验使用后的培养基、标本和菌种保存液、一次性的医疗用品及一次性的器械，都应严格按规定进行有效消毒并放置指定的容器。

（7）实验过程中产生的放射性废弃物应同人类生活环境长期隔离，利用专用容器收集、包装、贮存，指定专人负责保管，并采取有效防火、防盗等安全措施，严防放射性物质泄漏。

（8）盛装危险废弃物的容器上必须粘贴图7-1所示的标签，标明成分、含量等信息。

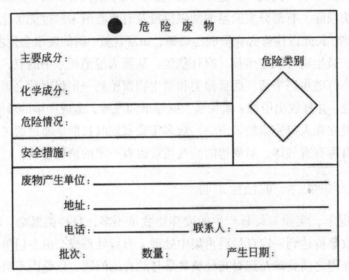

图 7-1 危险废弃物标签样式

第三节　废弃物处理原则及注意事项

废弃物的处理主要包含了两部分，一是，废弃物的再资源化，即利用有效的方法对其中可再利用的部分进行回收，变废为宝；二是，无害化处理后排放，即对当中无利用价值或回收成本过高的废弃物进行无害化处理，达到国家相关标准后排放。

一、普通废弃物的处理原则

（1）实验室要严格遵守国家环境保护工作的有关规定，不随意排放废气、废液、固体废弃物，不得污染环境。

（2）处理废弃物的过程中尽量不产生新的废弃物，能回收利用的废弃物在合理的成本条件下回收，不浪费，循环使用。

（3）对于量少或浓度不大的废弃物，经过无害化处理后可以排入或倒入专门的废液缸中统一处理，若低于环境中的最高允许值，也可以经水道排出。

（4）对于量大或浓度较大的废弃物可以回收处理，达到废弃物的资源化利用的目的。

（5）对特殊的废弃物必须单独收集，例如，贵重金属废液或废渣，集中收集不利于对其回收处理。

（6）不能混合的废弃物或者是混合后会不利于处理的废弃物，应分类并且及时地采取措施处理。

（7）无论液体或固体，凡能安全焚烧者则焚烧，但数量不宜太大，焚烧时不能产生有害气体或焚烧残余物。如不能焚烧时，要选择安全场所，按照要求填埋，不可裸露在地面上。

（8）废液处理前尽量浓缩，进行减量化处理，减少贮存体积以及后续处理量。

（9）对具有放射性的废弃物，放射性水平极低的废液可采取排入海洋、河流和湖泊等水域的方法，利用水体的稀释及扩散作用将其放射性水平降至安全无害的程度；而对于其他放射性水平的放射性废液，需采取隔离措施，远离人类的生活环境，让其自然衰变，等待放射性废液的放射性水平降至最低限度。

二、处理时注意事项

（1）实验室废弃物处理时，必须根据废弃物的不同特性（物性、浓度、易燃易爆性、放射性等）做差别化的处理。不同的废弃物应有不同的贮存方法，不得乱丢、乱倒。特别是对于有危害性、污染性、感染性、易燃易爆性废弃物的处理，应为其制定合适的处理措施，在实验室预处理的基础上，进行统一收集处理，并保存好处理记录。

（2）废弃物的物性、组成不同，在处理时，往往会伴随着一定的危险性，如释放有毒害气体、燃烧、爆炸等。因此，在处理前必须全面了解其性质，分析处理过程中可能出现的状况，避免发生或提前做好应对措施，然后再进行处理。在处理过程中，必须边操作边观察，始终保持高度的警惕性。

（3）处理废弃物之前应充分了解其相容性，严禁将不相容的废弃物混装在同一容器中，若确需混装的一定要首先检测其相容性，以免因其相互反应造成危害。同时废弃物盛装容器上也需贴上标签，依照标签说明依次倒入对应的集中处理容器中，且要及时密封，以防与空气发生不良反应或挥发出有毒害物质。

（4）应选择完好无缺且不会与废弃物发生反应的容器收集。将所收集废液的成分、含量等，清楚地标记于标签上，并将其放置于安全的环境下保存。尤其当废弃物数量较大时，更应妥善处理。

（5）不能随意掩埋或丢弃有毒害的废渣和废弃化学品，须放入专门的收集桶中。包装或盛放过危险物品的玻璃器皿、塑料、纸盒等，均应经过无害化处理后，再作他用或弃用。

（6）对浓度较小或者量少的废物，经无害化处理后可以排放或倒入废液缸中统一处理。对浓度较高或者量大的废物应及时回收处理，或定期统一处理。

（7）对有特殊气味的废弃物（如臭味等）、会释放出有毒有害气体的废弃物及易燃的废弃物应及时妥善地处理好，以免泄漏。

（8）对含有过氧化物、硝化甘油之类爆炸性物质的废弃物，应及时谨慎地处理，且要注意防火、隔热，谨防摩擦或碰撞。

（9）在实验时，由于操作不慎、容器破损等原因，造成危险物质撒泼或倾翻时，要及时快速处理，降低人员在危害物中的暴露。首先用药剂与危害物进行中和、氧化或还原等反应，破坏或减弱其危害性；再用大量水喷射冲洗。譬如，为固体污染物时，可先扫除再用水冲；为黏稠状污染物、油漆等不易冲洗的物质时，可用沙揉搓和铲除；为渗透性污物时（如煤焦油等），经洗刷后再用蒸气促其蒸发来清除污染。

第四节　废弃物的处理方法

一、固体废弃物的处理

各类实验室在实验活动中或多或少总会产生一定的有害固体废弃物，有时即使数量不大，也不可与生活垃圾混在一起丢弃，而应严格按照有关规定处理，主要方法有化学稳定、焚烧处理、填埋处理等。对于可燃且可燃过程中不会产生新的或有毒物质的固体废弃物，应及时焚烧处理；若不可燃，应首先使用漂白粉对其氯化消毒，然后再将之填埋处理；一次性使用制品，如手套、口罩等，用完后应放入指定容器收集后焚烧；可重复利用的玻璃器材，可先用 1 ~ 3 g/L 有效氯溶液浸泡 2 ~ 6 小时，再清洗后重新使用或丢弃；盛标本的玻璃、塑料、瓷质容器，可煮沸 15 分钟，或用 1 g/L 有效氯漂白粉澄清液浸泡 2 ~ 6 小时消毒，再用洗涤剂及清水刷洗、沥干；若曾用于微生物培养，须用压力蒸气灭菌后使用。

固体废弃物常用的处理方法如下。

（一）预处理

固体废弃物品类繁多，性质各异，为了便于运输、贮存、资源化利用，以及转变为可利用某一特定的处理处置方式的状态，通常需要经过某些前期准备加工程序，即预处理。其目的为了让废物减容以利于运输、贮存、焚烧或填埋等。固体废弃物的预处理主要包括以下两种情况：

第一种，分选作业之前的预处理，如筛分、分级、压实、破碎和粉磨等操作，使得废弃物单体分离或分成适当的级别，以方便后续工序的开展。

第二种，运输前或处理前的预处理，主要借助物理或化学方法实现，如破碎、压缩和各种固化方法等操作。

预处理的操作常常涉及其中某些目标物质的分离和集中，同时，往往又是有用成分从其中回收的过程。

（二）物理法

物理法是指借助固体废弃物的物理性质，用合适的方法从其中分选或者分离出有用和有害的固体物质。常用的物理处理方法有：重力分选、电力分选、磁力分选、弹道分选、光电分选、浮选和摩擦分选等。

（三）化学法

化学法是指让固体废弃物产生一定的化学变化，从而使其转换为可以回收的有用物质或能源。常见的化学处理方法有：煅烧、焙烧、烧结、热分解、溶剂浸出、电力辐射、焚烧等。

（四）生物法

生物法指的是利用微生物的作用来处理固体废弃物。此方法主要是利用微生物本身的生物—化学作用，使复杂的有机物降解成为简单的小分子物质，使有毒的物质转化成为无毒的物质。常见的生物处理法如沼气发酵、堆肥。

（五）固体废弃物的最终处理

对于那些无任何利用价值，或回收成本过高，抑或是无法回收利用的有毒有害固体废弃物，就需采取最终处理。常用的最终处理方法包括：焚烧法、掩埋法、海洋投弃法等。需要注意的是，对于决定采取最终处理法的固体废弃物必须首先进行无害化处理，才能焚烧、掩埋或投入海洋，且要在远离人类生存环境的区域处理，并在该处做好标识，保存好处理记录。

二、废液的处理

废液的常用处理方法有三种，分别是物理法、化学法和生物法。

（一）物理法

物理法主要是利用物理原理和机械作用，对废液进行处置，此法简单易行，是废液处理的重要方法，常用的物理法主要包括如下几种。

1.沉淀法

此法是利用污染物与水之间的密度差，使悬浮污染物从水中分离出来，从而达到废液处理的目的。该方法既可以作为一种独立的废液处理法，也可用于生物法中的预处理。

2. 气浮法

此法是将空气引入废液中，使之形成大量的微小气泡，这些气泡附着在悬浮颗粒表面，带动其迅速浮至水面，从而实现颗粒与水的快速分离。形成的浮渣可用刮渣机从气浮池中排出。气浮法是一种处理密度与水相近颗粒的绝佳方法，如水中的细小悬浮物、微絮体、乳化油等。

3. 过滤法

此法是利用过滤介质将废液中的悬浮物截留。如借助强吸附性的活性炭等吸附剂，使废液中的污染物被吸附在固体表面而去除。

4. 离子交换法

此法是利用离子交换剂的离子交换作用来置换废液中离子态污染物的方法，常用的离子交换剂有沸石、离子交换树脂等。

5. 膜处理

此法是新兴的废水处理技术，主要利用半渗透膜进行分子过滤，使废液中的水透过特殊的膜材料，然后将其中的悬浮物、溶质与水分别分离在膜的两边，从而实现废水处理的目的。

（二）化学法

化学法是指向废液中加入某些化学物质，使之与其中的污染物发生反应。通过此类化学反应，可使污染物转化成无害的新物质，或者变为易于分离的物质，再利用合适的方法将之去除。常用的化学法如下。

1. 中和法

此法常用于废酸液和废碱液的处理。实验室废液中有较多的酸废水和含碱废水，可将两者混合，或加入化学药剂，以将溶液的浓度调至中性附近，消除其危害。

2. 化学沉淀法

此法是通过向废液中投加化学物质，与污染物发生反应生成沉淀，再通过沉降、离心、过滤等方法进行固液分离，从而达到去除污染物的目的。该方法是处理含重金属离子废液的最佳方法。

3. 氧化还原法

此法是通过氧化还原反应将废液中的污染物转化为无毒或毒性较小的物质，以此达到净化废液的目的，电解法也属于氧化还原法。常用的氧化剂有空气中的氧、臭氧、漂白粉、高锰酸钾等；常用的还原剂有亚硫酸盐、铁屑、硼氢化钠等。

4. 混凝法

此法是通过向废液中加入混凝剂，使得其中的污染物颗粒成絮凝体沉降而达到去除目的。常用的混凝剂有明矾、聚丙烯酰胺等。

（三）生物法

生物法是利用微生物的新陈代谢作用将有机污染物降解，常用于处理含有机物的废液。主要方法如下。

1. 好氧处理法

此法是微生物在有氧的条件下，利用废水中的有机污染物质作为营养源进行新陈代谢活动，有机污染物被降解及转化。

2. 厌氧处理法

此法是利用厌氧微生物或兼氧微生物将有机物降解为甲烷、二氧化碳等物质。

3. 生物酶处理法

此法是在废液中加入酶制剂，有机污染物与酶反应形成游离基，然后游离基发生化学聚合反应生成高分子化合物沉淀而被去除。

三、废气的处理

实验室的废气虽然量不大，但多变，因而在处理废气时必须满足如下两个要求：①控制好实验环境中有害气体的量，其在空气中的浓度必须小于现行规定的空气中的有害物质的最高容许值。②控制好有害气体的排出量，其在空气中的浓度必须小于居民区大气中有害物质的最高容许值。实验室生成的废气量不多时，通常可经通风设备直接排出室外，但必须保证排气口高于周边建筑物顶端 3m 及以上。有的实验室产生的废气量多且带有毒害性时必须设置专门的吸收或处理装置。例如二氧化碳、氟化氢等可用导管通入碱液中，使其大部分被吸收后再排出，一氧化碳可点燃转成二氧化碳，可燃性有机废液可于燃烧炉中通氧气完全燃烧。

实验室废气处理的主要方法如下。

（一）吸收法

吸收法是通过液体吸收剂的作用，以达到净化废气的目的，主要有物理吸收和化学吸收两种形式。实验室中常用的吸收溶液包括水、碱性溶液、氧化剂溶液等。此类吸收溶液主要用于净化含有 Cl_2、H_2S、NH_3、酸雾、各种有机蒸气等废气。有的溶液在吸收废气后依旧可以做他用，如用于配制某些定性化学试剂的母液。

（二）固体吸附法

固体吸附法在实验室废气处理中运用较多，主要用于净化废气中含有的低浓度污染物质，在处理废气时首先让废气与特定的固体吸收剂充分接触，通过固体吸收剂表面的吸附作用，使废气中含有的污染物质（或吸收质）被吸附，从而达到分离有害物质的目的，再通过充分的震荡或久置。根据吸附剂与吸附质之间的作用力不同，可分为物理吸附（通过分子间的范德华力作用）和化学吸附（化学键作用）。常见的吸附剂有活性炭、分子筛、硅胶等。吸附常见的有机及无机气体，可以选择将适量活性炭或者新制取的木炭粉，放入有残留废气的容器中；若要选择性吸附 CS_2、NH_3、烃类等气体，可以用分子筛。

（三）回流法

回流法一般适用于对易液化的气体所产生的废气的处理。其作用机制是通过特定的装置使该类气体所挥发的废气，在通过装置时可以在空气的冷却下，液化为液体，再沿着长玻璃管的内壁回流到特定的反应装置中。例如，在制取溴苯时，可以在装置上连接一根较长的玻璃管，使蒸发出来的苯或溴沿着长玻璃管内壁回流到反应装置中。

（四）燃烧法

燃烧法即通过将废气点燃以达到将其净化的目的。此方法对于有机气体的处理非常有效，特别适用于处理量大而浓度比较低的含有苯类、酮类、醛类、醇类等各种有机物的废气。如对于 CO 尾气的处理以及 H_2S 等的处理，一般都会采用此法。

（五）颗粒物的捕集

此方法指的是在废气中去除或捕集那些以固态的或液态形式存在的颗粒污染物，这一过程常被称作除尘。除尘的工艺过程是先将含尘气体引入具有一种或是几种不同作用力的除尘器中，使颗粒物相对于运载气流可以产生一定的位移，从而达到从气流中分离出来的目的，然后颗粒物沉降到捕集器表面上被捕集。实验室中常用的除尘装置有机械式除尘器、静电除尘器等。

（六）其他方法

实验室废气处理的方法众多，除了上述（一）至（五）中所述的方法外，还有很多方法也可以达到有效净化废气的目的。如臭氧氧化法、光催化技术、离子体技术等。

（1）臭氧氧化法：臭氧可与一些无机及有机污染物发生氧化还原反应，达到降解污染物、净化废气的目的。

（2）光催化技术：利用光将废气中的有机物降解。

（3）等离子体技术：利用高能电子射线激发、离解、电离废气中各组分，使其处于活化状态，再发生反应将有害物转化为无害物质形式，可以处理成分复杂的废气。

四、放射性废弃物处理

采用一般的物理方法、化学方法及生物方法处理放射性废弃物无法将放射性物质去除或破坏,只有依靠其自身的衰变使其放射性衰减到一定的水平,如碘–131磷–32等半衰期短的放射性废弃物,通常在放置十个半衰期后进行排放或焚烧处理。而对于一些半衰期较长的放射性废弃物(如铁–59、钴–60等),以及那些在衰变期仍然可以衰变出新放射物的放射性废弃物,必须经由专业化的处理过后,再装入特定容器中,统一埋于放射性废弃物坑内。

(1)放射性废气一般先经过预过滤,再通过高效过滤后排出。

(2)放射性废液,若其放射性水平符合国家放射性污染排放标准,可直接将其倒入下水道中,但倾倒时一定要保证排水管道畅通,以防因废液大量堆积造成放射性水平超标。放射性水平比容许排放的水平高的废液应贮存起来,让其逐渐衰变至安全水平,或者采取某种特殊方法处理。常用的放射性废液处理方法有放置衰变法、离子变换法、沥青固化法、塑料固化法等。

(3)放射性固体废弃物主要是指被放射性物质污染而不能再用的各种物体。固态废物须贮存起来等待处理或让其放射性衰变。处理方法主要有焚烧、去污、包装等。

五、生物性废弃物处理

实验室在实验过程中所涉及的各类生物活性废弃物,尤其对于细胞和微生物等,应当及时采取有效措施进行灭活和消毒处理。微生物培养过的琼脂平板应采用压力灭菌30分钟,趁热将琼脂倒弃处理,未经有效处理的固体废弃培养基不能作为日常生活垃圾处置;液体废弃物如菌液等需用15%次氯酸钠消毒30分钟,稀释后排放,尽量做到不污染环境。尿液、唾液、血液等样本,应加入漂白粉再充分搅拌(搅拌后需静置3小时左右),然后再倒入化粪池或厕所,也可焚烧处理。

同时,凡是废弃的实验动物尸体或器官必须及时按要求消毒,并用特制塑料袋密封后冷冻储存,统一送有关部门集中焚烧处理,禁止随意丢弃。此外,动物的排泄物、皮毛等与动物相关的垃圾都应收纳到专用垃圾袋中,并及时用过氧乙酸消毒处理,消毒完成后才可将此类垃圾运离实验室。

高级别生物安全实验室的污染物和废弃物排放的首要原则是必须在实验室内对所有的废弃物进行净化、高压灭菌或焚烧,确保感染性生物因子的"零排放"。

生物实验过程中使用过的一次性制品,如手套、工作服、吸头、离心管、包装等用完后应放入污物袋内集中烧毁;可重复利用的玻璃器材如玻片、玻璃瓶等可以用1~3 g/L有效氯溶液浸泡2~6小时,然后清洗重新使用,或者废弃;盛标本的玻璃、搪瓷容器等,应煮沸15分钟或者用1 g/L有效氯漂白粉澄清液浸泡2~6小时,消毒后可清洗重新使用;无法回收利用的器材,尤其是废弃的锐器(如污染的一次性针头、碎玻璃等),因具有危险性,可将其放于耐砸容器分类收集,再统一送至焚烧站焚烧毁形后掩埋处理。

六、常见废弃物的处理

（一）废酸、废碱液的处理

实验室中，大部分实验都需用到各类酸、碱，由此便会产生很多废酸液、废碱液。处理这类废液的常用方法为中和法，即将废酸液、废碱液相互混合或加入一些酸碱试剂进行中和，使其酸碱度调至中性范围。例如，含无机酸类废液，将废酸液慢慢倒入过量的含碳酸钠或氢氧化钙的水溶液中或用废碱互相中和；含氢氧化钠、氨水的废碱液，用盐酸或硫酸溶液中和，或用废酸互相中和。当溶液 pH 调至 6～8 时，再倒入适量的水将其浓度降至 1% 以下，此时方可排放，且需用大量的水冲洗。

（二）含磷废液的处理

对于含有各类磷的废液，如含有白磷（黄磷）、卤氧化磷、硫化磷等废液，可在碱性条件下，先用双氧水将其氧化后作为磷酸盐废液处理。对缩聚磷酸盐的废液，应用硫酸将其酸化，然后将其煮沸，最后再做水解处理。

（三）含无机卤化物废液的处理

对含无机卤化物的废液处理，如含 $AlBr_3$、$SnCl_2$、$FeCl_3$ 等无机类卤化物的废液，可将其放入蒸发皿中，撒上 1：1 的高岭土与碳酸钠干燥混合物，将它们充分混合后，喷洒 1：1 的氨水，至没有 NH_4Cl 白烟放出为止。再将其中和，静置析出沉淀。再将沉淀物过滤掉，滤液中若无重金属离子，则用大量水稀释滤液，即可进行排放。

（四）含氟废液的处理

在处理含氟废液时，首先在其中加入适量消石灰乳，至废液呈碱性为止，充分搅拌后，静置一段时间，再过滤除去沉淀。过滤后的滤液与含碱废液的处理方法相同。若此法未将含氟量降低到 8 mg/kg 以下，则需用阴离子交换树脂法对其中的氟做进一步处理。

（五）重金属离子废液的处理

对于含有各类重金属离子的废液，一般利用化学沉淀法处理，如硫化物沉淀法、碱液沉淀法等。即在此类废液中加入适量的硫化钠或碱，使其中的重金属离子变成难溶性的氢氧化物或硫化物而沉积下来，然后再通过过滤除去含重金属的沉淀。

碱液沉淀法的操作步骤如下：首先在废液中注入 $FeCl_3$ 或 $Fe_2(SO_4)_3$ 后，充分搅拌；然后将 $Ca(OH)_2$，制成乳状后再加入上述废液中，将废液的酸碱度调至 9～11，若其酸碱度呈强碱性，沉淀便会溶解；静置过夜，过滤沉淀物；最后滤液中经检查无重金属离子后，即可排放。常见的含重金属废液的处理如下：

1. 含铬废液的处理

实验室可采用氧化还原—中和法处理含铬废液，即向含铬废液中投加还原剂（如硫酸亚铁、二氧化硫等），在酸性条件下将 $Cr(VI)$ 还原至 $Cr(III)$，然后投加碱剂（如氢氧化钠、碳酸钠等），将其酸碱度调至 7 左右，使 Cr^{3+} 形成低毒性的 $Cr(OH)_3$，沉淀除去，并经脱水干燥后综合利用。

2. 汞的处理

温度计等含汞玻璃仪器因破裂导致其中的汞撒漏时，首先要迅速用滴管或毛笔将撒漏的部分收集起来用水覆盖，并在地面喷洒 20% 三氯化铁水溶液或硫黄粉后清扫干净。如室内汞蒸气浓度 >0.01 mg/m³ 可用碘净化，生成不易挥发的碘化汞。含汞的废气可以通过高锰酸钾溶液，除去汞后再排放。

含汞盐的废液处理有化学凝聚法和汞齐提取法。使用第一种方法时，可先将废液的酸碱度调至 6 ~ 10，再加入大量硫化钠，生成硫化汞沉淀，再加入硫酸亚铁等混凝剂，过滤掉沉淀，滤液可用活性炭吸附或离子交换等方法进一步处理。第二种方法即在此类废液中加入锌屑或铝屑，锌或铝可将其中的汞置换析出，汞还能与锌生成锌汞齐，从而使达到废液净化的目的。

3. 含砷废液的处理

对于此类废液的处理，可加入 $FeCl_3$ 溶液及石灰乳，将其酸碱度调至 8 ~ 10，使砷化物沉淀而分离。也可以在其中加入硫化钠生成硫化砷而去除。

4. 含锰废物的处理

含锰离子的废液可以与碱、碳酸盐及硫化物反应生成相应的氢氧化锰、碳酸锰及硫化锰沉淀，过滤后去除，滤液可直接排放。在实验中有着催化作用的二氧化锰，可加快物质的反应速度，但使用过后自身并未被损耗。其回收处理方法是，将混合物溶解于水，经多次洗涤、过滤，把滤渣蒸干便可得到二氧化锰。

5. 含钡废液的处理

含钡废液的处理，只要在其中加入适量的 Na_2SO_4 溶液，然后将产生的沉淀物 $BaSO_4$ 过滤分离，余下的滤液便可直接排放。

6. 含银废液的处理

对于含有银离子的废液，一般可采用沉淀法、置换法等方法处理。大部分实验室，每次产生的含银废液量并不大，所以通常使用简单易行的沉淀法处理，即在该类废液中加入适量的硫化物或氯化钠、盐酸，使其生成硫化银或氯化银沉淀，再利用过滤达到去除回收。

7. 含铅废液处理

含铅废液处理可用石灰乳做沉淀剂，使 Pb^{2+} 生成 $Pb(OH)_2$ 沉淀，再吸收空气中的 CO_2 气体变为溶解度更小的 $PbCO_3$ 沉淀，将其中的沉淀物质充分洗净或过滤后即可回收利用。

（六）氰化物的处理

对于废弃的氰化物，可在其废液中加入 NaOH 溶液，将废液酸碱度调至碱性，然后加入约 10% 的 NaOCl 溶液，搅拌约 20 分钟，再加入 NaOCl 溶液，再次搅拌，放置数小时，加入盐酸，将其酸碱度调至 7.5 ~ 8.5，放置过夜。加入过量的 Na_2SO_3，还原剩余的氯。以上步骤完成后，需对废液进行检测若证实其中已没有 CN– 方可排放。

氰化钠、氰化钾等氰化物不慎漏出时，通常可用硫代硫酸钠、高锰酸钾等溶液浇在污染处，使其生成毒性较低的硫氰酸盐，再先后用热水和冷水冲洗。

（七）有机废液的处理

有机废弃液的处理方法众多，具体如下。

（1）焚烧法

焚烧法即通过高温的方式对有机废液中的有机物进行深度氧化分解，促使其生成水、二氧化碳等对环境无害的产物，然后再将此类产物直接排入空气中。此方法普遍运用于各类工业生产中。需要注意的是，在焚烧过程中一定要让有机物充分烧尽，以免生成新的污染物。实验室每次产生的有机废液量一般不大，可将其倒入铁制或瓷制容器，携带至室外开阔且安全的地段焚烧销毁。焚烧时可取一根长木棒（其他易燃的物质也可），在其前端绕一圈沾有油类的布，站在上风方向点火燃烧，待其充分烧尽后即可。对于某类不易燃烧的废液，可先在其中加入适量的可燃物，然后再将其焚烧，也可将该类废液喷入配备有助燃器的焚烧炉中燃烧。对含水的高浓度有机类废液，此法亦能使其焚烧。对于那些焚烧时有可能产生有毒害性气体的废液，需将其放入装有洗涤器的焚烧炉中处理，待有毒害性气体被洗涤器吸收除尽后方可排放。

（2）溶剂萃取法

萃取是利用物质在两种互不相溶（或微溶）的溶剂中溶解度或分配系数的不同，使溶质物质从一种溶剂内转移到另一种溶剂中的方法。有机废液经过反复多次的萃取后，其中大部分的化合物质可被提取回收。

（3）吸附法

在处理那些有机物质含量不高的废液时，可采用吸附法，即在该类废液中加入诸如硅藻土、层片状织物、聚酯片、稻草屑之类的吸附剂，使其中的有机物被吸附，待充分吸附后，将之与吸附剂一起焚烧。

（4）氧化分解法

氧化分解法最常采用的工艺过程是先让废弃液经过一系列的氧化还原反应，最大程度地降低其中污染物质的毒性，再利用其他有效的方法将之去除。常用的氧化剂有 H_2O_2、NaOCl、HNO_3+HClO_4、废铬酸混合液等。

（5）水解法

水解法通常适用于处理一些含有易水解物质的废液，如有机酸或无机酸的酯类，部分有机磷化合物等，可在其中加入 NaOH 或 Ca（OH）$_2$ 在室温或加热下进行水解。水解后，若废液无毒害，把它中和、稀释后排放；若其中仍存在有害物质，可采取吸附等合适的方法进一步处理。

（6）生物化学处理法

此种处理法主要是利用微生物的代谢，使废弃液中呈现溶解或胶体状态的有机污染物质转化为无害的污染物质，从而达到净化的目的。

具体的一些有机废液处理方法如下。

（1）甲醇、乙醇及醋酸等的废液

甲醇、乙醇及醋酸等易被自然界细菌分解，因而对于含有此类溶剂的稀溶液，经大量水稀释后，即可排放。对甲醇、乙醇、丙酮及苯等用量较大的溶剂，可通过蒸馏、精馏、萃取等方法将其回收利用。

（2）油、动植物性油脂的废液

对于含石油、动植物性油脂的废液，如含苯、二甲苯、煤油、重油、切削油、动植物性油脂等的废液，可用焚烧法处理；对其难于燃烧的物质及低浓度的废液，则可用溶剂萃取法或吸附法处理；对含机油等物质的废液，含有重金属时，应保管好焚烧残渣。

（3）含 N、S 及卤素类的有机废液

此类废液包含的物质有：吡啶、甲基吡啶、酰胺、苯胺、硫醇、硫脲、硫噻吩、氯仿、氯乙烯类、酰卤化物和含 N、S、卤素的染料、医药及其中间体等。对其可燃性物质，用焚烧法处理，但必须采取措施除去由燃烧而产生的有害气体（如 SO$_2$、NO$_2$ 等），譬如可在焚烧炉中装设洗涤器。此外，多氯联苯等物质中往往存在一些不易烧尽的成分，应多加留意，以免被直接排出。对难于燃烧的物质及低浓度的废液，可用溶剂萃取法、水解法等方法处理。但如氨基酸等易被微生物分解的物质，加入大量水稀释过后，便可排出。

（4）酚类物质的废液

此类废液包含的物质有：苯酚、萘酚等。对于其中浓度高且可燃的废液，可采用焚烧法处理，或用乙酸丁酯萃取，再用少量氢氧化钠溶液反萃取，将其酸碱度调至中性左右后再利用重蒸馏回收；对浓度低的废液，可用吸附法、溶剂萃取法或氧化分解法处理。如加入漂白粉或次氯酸钠，使酚转化成邻苯二酚、顺丁烯二酸等。

（5）苯废液

含苯的废液可以用萃取、吸附富集等方法回收利用，或用焚烧法处理，即将其倒入铁制容器内，携带至室外安全区域点燃烧尽即可。

（6）有酸、碱、氧化剂、还原剂及无机盐类的有机类废液

此类废液包括含有硫酸、硝酸等酸类，含有氢氧化钠、氨等碱类，以及含有过氧化氢、过氧化物等氧化剂与硫化物、联氨等还原剂的有机类废液。首先，按无机类

废液的处理方法，将废液中和。然后，若有机类物质浓度较大，可用焚烧法处理。若能分离出有机层和水层时，则将有机层焚烧，对水层或其浓度低的废液，则用吸附法、氧化分解法等方法处理。对易被微生物分解的物质，经水稀释后，即可排放。

（7）重金属等物质的有机废液

对于此类有机废液，可先采取有效方法分解其中的有机质，再运用无机类废液处理法处理。

（8）有机磷的废液

此类废液包括：含磷酸、硫代磷酸，磷化氢类以及含磷农药等物质的废液。对其中的高浓度废液可采用焚烧法处理（因含大量不易燃的物质，可首先加入适量可燃物质，再与之一起焚烧）；对浓度低的废液，经水解或溶剂萃取后，再通过吸附法进一步处理。

（9）含天然及合成高分子化合物的废液

此类废液包括含有聚乙烯、聚苯乙烯等合成高分子化合物，以及蛋白质、纤维素、橡胶等天然高分子化合物的废液。对其含有可燃性物质的废液，用焚烧法处理；对难以焚烧的物质及含水的低浓度废液，经浓缩后，再焚烧；但对于蛋白质之类的易被微生物分解的物质，稀释后便可直接排放。

（八）常用药剂撒漏处理方法

（1）对硫、磷及其他有机磷剧毒农药，如苯硫磷等撒泼后，可先用石灰将撒泼的药液吸去，再用碱液透湿污染处，然后用热水及冷水冲洗。（大部分含磷的农药遇碱性溶液后可快速分解，毒性大大降低或无毒）。

（2）硫酸二甲酯撒漏后，先用氨水洒在污染处，使其中和，也可用漂白粉加五倍水浸湿污染处，再用碱水浸湿，最后用热水和冷水各冲一遍。

（3）甲醛撒漏后，可用漂白粉加五倍水浸湿污染处，使甲醛遇漂白粉氧化成甲酸，再用水冲洗。

（4）苯胺撒漏后，可用酸类溶液浸湿污染处，再用水冲洗。苯胺呈碱性，在与酸性试剂发生反应后可生成各类酸盐，如用碳酸溶液，可生成碳酸盐。

（5）盛磷容器破裂，其中的磷掉落出来，脱水后即会自燃，因此不可用手直接触碰，应即刻用金属或玻璃器具将其放入有水的器皿中。污染处先用石灰乳浸湿，再用水冲。被白磷污染的工具可用5%硫酸铜溶液冲洗。

（6）砷撒漏时，可用碱水和氢氧化铁解毒，再用水冲洗。

（7）溴撒漏时，可将氨水浇于其上，然后用水冲洗。

参考文献

[1] 郑春龙, 李五一. 中外高校实验室安全教育教材建设的比较 [J]. 实验室研究与探索, 2011, 30(11):181-184.

[2] 北京大学化学与分子工程学院实验室安全技术教学组. 化学实验室安全知识教程 [M]. 北京:北京大学出版社, 2012.

[3] 朱莉娜. 高校实验室安全基础 [M]. 天津:天津大学出版社, 2014.

[4] 黄志斌. 高等学校化学化工实验室安全教程 [M]. 南京:南京大学出版社, 2015.

[5] 蔡乐. 高等学校化学实验室安全基础 [M]. 北京:化学工业出版社, 2018.

[6] 孙绍玉. 火灾防范与火场逃生概论 [M]. 北京:中国人民公安大学出版社, 2001.

[7] 郑瑞文, 刘海辰. 消防安全技术 [M].2 版. 北京:化学工业出版社, 2011.

[8] 张海峰. 危险化学品安全技术全书 [M].2 版, 北京:化学工业出版社, 2008.

[9] 赵庆贤, 邵辉. 危险化学品安全管理 [M]. 北京:中国石化出版社, 2005.

[10] 张荣, 张晓东. 危险化学品安全技术 [M]. 北京:化学工业出版社, 2017.

[11] 蒋成军. 危险化学品安全技术与管理 [M].3 版. 北京:化学工业出版社, 2015.

[12] 杨有启. 用电安全技术 [M].2 版. 北京:化学工业出版社, 1996.

[13] 孟长功, 辛剑. 基础化学实验 [M].2 版. 北京:高教出版社, 2009.

[14] 蒋卫华, 曹剑瑜, 朱晔高校化学实验室实施安全教育的研究与实践 [J]. 化学教育, 2015,20.

[15] 罗帆, 汤又文, 孙峰. 高校实验室安全管理的探讨 [J]. 实验技术与管理, 2009, 26(4):147-149.

[16] 曾懋华, 洪显兰, 彭翠红. 对比中美实验安全规则反思我国高校化学实验室安全管理 [J]. 实验室研究与探索, 2009,28(6):310-313.

[17] 李振健, 范强锐, 金军. 高等学校危险化学品安全管理探索 [J]. 安全与环境学报, 2004, 4(3):20.

[18] 冯建跃. 高校实验室化学安全与防护 [M]. 杭州:浙江大学出版社, 2013.

[19] 郑春龙. 高校实验室生物安全技术与管理 [M]. 杭州:浙江大学出版社, 2015.

[20] 孙玲玲. 高校实验室安全与环境管理导论 [M]. 杭州:浙江大学出版社, 2015.